Nathaniel Felsen　著・錢亞宏　譯

博碩文化

# Effective DevOps

## 使用AWS快速入門

在AWS雲端環境
建立持續交付與持續整合的流水線

Packt>

# Effective DevOps
# 使用AWS快速入門

作　　者：Nathaniel Felsen
譯　　者：錢亞宏
責任編輯：盧國鳳

董 事 長：蔡金崑
總 編 輯：陳錦輝

出　　版：博碩文化股份有限公司
地　　址：221 新北市汐止區新台五路一段112號10樓A棟
　　　　　電話(02) 2696-2869 傳真(02) 2696-2867

郵撥帳號：17484299 戶名：博碩文化股份有限公司
博碩網站：http://www.drmaster.com.tw
讀者服務信箱：DrService@drmaster.com.tw
讀者服務專線：(02) 2696-2869 分機 216、238
（周一至周五 09:30 ～ 12:00；13:30 ～ 17:00）

版　　次：2019 年 2 月初版一刷

建 議 零 售 價：新台幣 380 元
I S B N：978-986-434-374-4
律師顧問：鳴權法律事務所 陳曉鳴律師

*本書如有破損或裝訂錯誤，請寄回本公司更換*

國家圖書館出版品預行編目資料

Effective DevOps：使用AWS快速入門 / Nathaniel
Felsen著；錢亞宏譯. -- 新北市：博碩文化, 2019.02
　面；　　公分
譯自：Effective DevOps with AWS

ISBN 978-986-434-374-4(平裝)

1.軟體研發 2.電腦程式設計 3.雲端運算

312.2　　　　　　　　　　　　　　108001476

Printed in Taiwan

歡迎團體訂購，另有優惠，請洽服務專線
(02) 2696-2869 分機 216、238
博碩粉絲團

### 商標聲明

本書中所引用之商標、產品名稱分屬各公司所有，本書引用
純屬介紹之用，並無任何侵害之意。

### 有限擔保責任聲明

雖然作者與出版社已全力編輯與製作本書，唯不擔保本書
及其所附媒體無任何瑕疵；亦不為使用本書而引起之衍生
利益損失或意外損毀之損失擔保責任。即使本公司先前已
被告知前述損毀之發生。本公司依本書所負之責任，僅
於台端對本書所付之實際價款。

### 著作權聲明

# 作者簡介

**Nathaniel Felsen** 十多年前就已經是一名 DevOps 文化的開發者，推廣著 DevOps 的開發理念。那時 DevOps（開發維運整合）這個詞才剛萌芽而已。他從事過的企業各式各樣，小至剛起步的新創事業、大至已有規模的企業，包括 Qualys、Square 以及最近的 Medium。

在工作之餘，Nathaniel 也不忘享受人生，與充滿活力的孩子們一起慢跑，或是將工作所得與自己的妻子一同分享，過著愜意的休閒生活。雖然 Nathaniel 出身法國，但比起啜飲紅酒，他更喜歡與三五好友舉杯大口灌著啤酒。他擁有法國資訊工程界最高學府之一「法國電機學院」（EPITA，Ecole Pour l'Informatique et les Techniques Avancées）的「系統、網路與資訊安全」碩士學位。

我要感謝 Packt 出版社的編輯與審校團隊在本書上的協助，尤其是 Mamata Walkar、Sayali Thanekar、Mehvash Fatima、Usha Iyer 以及 David Barnes 這幾位。

我還要感謝所有在撰寫本書期間義無反顧支持我的所有朋友，但最重要的，我想感謝 Matine、Bernard、Eunsil、Hanna、Leo 以及 Oceane，感謝他們給予我的耐心、愛以及支持。

# 審校者簡介

**Sanjeev Kumar Jaiswal** 從電腦相關科系畢業後,擁有八年以上的職場實務經驗。在日常工作當中也使用 Perl、Python 以及 GNU/Linux。目前參與的專案包括了「滲透測試」、「原始程式碼審核」以及「安全機制的設計與實作」等工作項目。最常參與的包括「網路」與「雲端」的資訊安全類型專案。

他目前也在學習使用 NodeJS 與 React Native。Sanjeev 不吝於將他的經驗分享給資訊工程界的學生與專家們,過去這八年也一直在業餘時間進行教學工作。

他是 Alien Coders 的成立者之一,以「共享原則」為發想,從 2010 年開始便致力於為「資訊界的學生與專家們」提供服務,尤其在印度的「資訊工程學生之間」廣受歡迎。你可以透過 Twitter 帳號 @aliencoders 進一步了解他們。

他也是 Packt 出版社旗下《Instant PageSpeed Optimization》一書的作者,以及《Learning Django Web Development》一書的共同作者。他替 Packt 出版社審校了七本以上的書籍,並期許將來與「Packt 以及更多的出版社」共同合作,出版更多的著作以及擔任更多書籍的審校。

# 目錄

# 前言

DevOps 文化的推行運動大幅改變了現今科技公司的工作型態。身為雲端運算革新的先驅，AWS 雲端服務平台（AWS，Amazon Web Services）在這波 DevOps 運動當中扮演了重要的推手之一，提供五花八門的全受管服務項目，幫助你實踐 DevOps 文化的精神。

本書將能幫助你深入了解，現今大多數成功的「新創事業」如何利用 AWS 雲端服務平台，部署並擴展他們的線上服務，並告訴你如何複製成功經驗。本書將會說明如何以程式化的方式管理基礎設施，這能讓你用「管理軟體程式的方式」來管理硬體資源。你也將學習如何建立一條持續整合以及持續部署的流水線，好讓應用服務追上更新進度。

一旦掌握這些技術之後，我們將進一步告訴你如何利用「容器」這類最新技術的架構來擴展應用服務，讓服務即使面對尖峰流量的情境，都能在使用者面前展現最佳效能。我們還會介紹一系列廣為 DevOps 文化採用的 AWS 雲端服務平台工具，如 CodeDeploy 與 CloudFormation。

## 推薦對象

本書推薦給程式開發者、採用 DevOps 文化的工程師，或是你所屬的開發團隊「正計畫使用 AWS 雲端服務平台」作為軟體開發的基礎設施。閱讀本書時，大部分的內容都需要具備基礎的資訊工程知識。

# 本書概要

「第 1 章，雲端服務與 DevOps 革新」中，將會向所有讀者說明引入 DevOps 與雲端服務的必要性。為了要替後續章節的學習內容打下基礎，這邊需要在一定程度上了解 DevOps 文化的內涵、當中使用的詞彙，以及什麼是 AWS 生態圈。

「第 2 章，部署第一個網頁應用服務」中，將會示範如何在最佳實務的 AWS 授權管理模式下，以「最簡單的方式」架設一台 AWS 基礎設施。我們將開發一個簡易的網頁應用服務，並說明如何用最簡便的方式將這份應用服務上架，隨後再下架。整段展示的操作過程都將透過 AWS 雲端服務的「指令列環境功能」，而之後的章節會進一步再將這段操作過程「自動化」，以此說明，只要利用市面上其他的知名服務「結合」AWS 雲端，便能輕易達成自動化。

「第 3 章，基礎設施程式化」中，將會著重說明如何透過 AWS 雲端本身的原生服務「CloudFormation」來達成「基礎設施生產自動化」，並進一步說明建立 CloudFormation 模板的技巧。接著會介紹以 Ansible 建立「組態管理系統」，將應用服務的部署「自動化」。

「第 4 章，持續整合與持續部署」中，重點將會放在如何以 AWS 雲端服務當中「具 DevOps 精神的服務項目」，加上「自動測試架構」，以此建立「持續整合與部署的流水線」。這個過程會運用多項不同技術的工具，如版本管控、持續整合、自動測試、AWS 原生的 DevOps 工具，以及基礎設施自動化工具。透過這個過程，就能體會到「快速失敗、經常失敗」可以幫助你打造強健的線上環境。

「第 5 章，以 AWS 為基礎的容器服務」中，將會介紹當今技術最熱門之一的 Docker。我們會先使用 Docker 來說明「容器技術」的基本概念，然後以 ECS 服務項目來建立 AWS 上的容器環境，並依應用服務打造出完整架構。最後同樣以 AWS 的 DevOps 工具組，建立「完整的持續整合與部署流水線」，用以部署這些 AWS 的 ECS 服務。

# 技術概要

本書會使用到的軟體與技術項目如下：

- AWS 管理主控台
- AWS 雲端運算服務
- AWS 身分與存取管理（IAM）
- AWS 指令列介面操作
- 以 JavaScript 語言開發的網頁應用服務

# 下載範例程式檔案

你可以從 www.packt.com 以帳號登入並下載本書隨附的範例程式檔案。如果你是透過其他管道購買本書，可以前往 www.packt.com/support 進行註冊，隨後將透過信件寄發檔案。

請依照下列步驟下載程式檔案：

1. 從 www.packt.com 進行註冊或登入。
2. 選擇 **SUPPORT（支援）**頁籤。
3. 點擊 **Code Downloads & Errata（程式下載與勘誤）**。
4. 在 **Search（搜尋）**輸入框中輸入書籍的標題，然後依照畫面上的指示操作。

當你下載檔案後，請使用以下軟體的最新版本來進行解壓縮：

- Windows 平台：WinRAR 或 7-Zip
- Mac 平台：Zipeg、iZip 或 UnRarX
- Linux 平台：7-Zip 或 PeaZip

本書隨附的程式碼另外存放於 GitHub 上：https://github.com/PacktPublishing/Effective-DevOps-with-AWS。

此外，在 https://github.com/PacktPublishing/ 上也可以下載其他大量書籍以及影音出版品的隨附程式，參考看看！

## 下載全彩電子檔

我們還提供您一個 PDF 檔案，其中包含本書所使用的「彩色的螢幕截圖／彩色的圖表」，可以在此下載：https://www.packtpub.com/sites/default/files/downloads/EffectiveDevOpswithAWS_ColorImages.pdf。

# 格式說明

本書內容中使用了數種不同的排版格式標示。

程式碼（CodeInText）：這是夾雜在文字段落中的程式、資料庫資料表名稱、資料夾名稱、檔案名稱、副檔名、路徑名稱、網址路徑、使用者的輸入，以及 Twitter 網站上的帳號名稱，格式如下所示：「點擊開始按鈕，並搜尋 settings 項目」。

程式碼區段的格式如下所示：

```
var http = require("http")
http.createServer(function (request, response) {
// Send the HTTP header
// HTTP Status: 200 : OK
// Content Type: text/plain
response.writeHead(200, {'Content-Type': 'text/plain'})
// Send the response body as "Hello World"
response.end('Hello World\n')
}).listen(3000)
// Console will print the message
console.log('Server running')
```

當我們希望讓你「仔細查看」程式碼區段中的某一部份時，該部份的內容會以粗體標示：

```
$ aws ec2 describe-instance-status --instance-ids i-057e8deb1a4c3f35d
--output text| grep -i SystemStatus

SYSTEMSTATUS ok
```

所有在指令列中的輸入或是輸出內容，都會以下列格式呈現：

```
$ aws ec2 authorize-security-group-ingress \
    --group-name HelloWorld \
    --protocol tcp \
    --port 3000 \
    --cidr 0.0.0.0/0
```

**粗體字**：這表示新的技術名詞、重要的關鍵字，或是指示你會在螢幕上看到的內容。比方說像是選單或對話框內容，會以下列格式顯示：「在選單中找到名稱顯示為**適用於 Linux 的 Windows 子系統**的選項」。

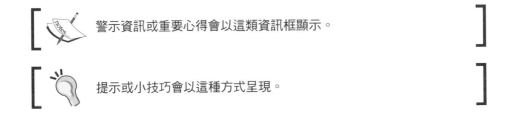

警示資訊或重要心得會以這類資訊框顯示。

提示或小技巧會以這種方式呈現。

# 聯繫窗口

歡迎讀者提供你們的想法。

**客戶服務**：如果您對本書的任何內容有所疑慮，請在信件主旨中寫下本書的書名，然後寫信到 customercare@packtpub.com。

**內容勘誤**：雖然我們是以非常嚴謹的心態，確保內容的品質無誤，但偶爾總是會有意外發生。如果您發現我們書中的錯誤並願意告知我們的話，向您致上十二萬分的感激。請到 www.packtpub.com/submit-errata 進行回報，選擇您所購買的書籍，點擊 **Errata Submission Form** 連結，然後輸入您的勘誤內容。

**侵權問題**：如果您在網路上發現以任何形式非法散佈我們的出版物，請立即提供我們下載位址或是網站的名稱。請透過 copyright@packt.com 並在信件內容中提供您所看到的連結位址。

**如果您有興趣加入作者的行列**：如果有興趣在您所專精的領域中貢獻所知並出版成冊，請參考：authors.packtpub.com。

# 讀者迴響

歡迎讀者提供你們的想法。在閱讀本書之後，歡迎各位到購買本書的網站上留下您寶貴的意見。提供給其他對本書感興趣的讀者參考，並將您寶貴的意見作為他們購買時的重要參考指標，也可以提供給 Packt 出版以及作者本人了解各位對本書的想法。感謝您的購買！

如果想對 Packt 出版有更多了解，請上 packt.com。

# 1

# 雲端服務與 DevOps 革新

現代的科技產業可說是瞬息萬變。「網路的誕生」不過是四分之一個世紀前的事，如今卻深刻地影響著我們每一個人的日常。每一天，超過十幾億的人會瀏覽 Facebook；每一小時，都有約 18,000 小時長度的影片上傳到 YouTube；每一秒，Google 都要處理 40,000 筆左右的查詢。要能面對如此驚人規模的服務需求，可不是件易事。不過，只要本書在手，你便能從書中內容找到可依循的實務指引，引入與上述這些大企業近似的概念、工具以及最佳的解決方案。透過 Amazon 的 **AWS 雲端服務平台（Amazon Web Services）**便可以在「花費最少成本、最簡易方式」的情況下，用「最有效率、最有彈性的方法」管理並擴展你的基礎設施、開發流程，以及你的應用服務。本書第一章的內容將會介紹以下這些新觀念：

- 將思維抽離基礎設施並投向雲端
- 引入 DevOps 文化
- 在 AWS 雲端服務平台上進行部署

## 將思維抽離基礎設施並投向雲端

底下是 2011 年十二月於某處資料中心內所發生的「真實事故案例」。我們突然從監控系統收到一大票的告警訊息，原因是與資料中心之間的連線中斷了。資料中心的負責人急忙趕往**網路維運中心（NOC，network operations center）**，並暗自祈禱這只是監控系統的誤判。在準備了那麼多備援的情況下，怎麼可能一下子所有東西都失靈了？不幸的是，監控螢幕上一片滿江紅，這可不是什麼好現象。這才只是這場惡夢的開端而已。

原來是一名在資料中心上班的水電工誤觸了消防系統，於是滅火系統在短短幾秒鐘內就被啟動，並開始在我們的伺服器機櫃上方噴發。最慘的是這類滅火系統在噴發滅火氣體時所造成的「噪音」，這道噪音的聲波立刻毀了成千上百顆硬碟，彈指之間搞垮了這間資料中心。之後整整花了數個月才從這場災難中復原。

# 要自建部署硬體設施？還是投入雲端？

不久之前，所有大大小小的科技公司無一例外，都需要一個維運單位來協助部署屬於自己的基礎設施。而這個部署的過程大概如下所示：

1. 首先，你要決定並前往安放基礎設施的地點，評估各種不同的資料中心以及他們所提供的設施。評估機房的環境、評估電力的供應、評估**暖通空調（暖氣、通風以及空調）**、評估防火系統、評估警衛系統等等。

2. 採購網路供應商服務。畢竟最終的目標就是架設伺服器，所以過程是一樣的，只是這次需要的頻寬量大得多了，這樣才能讓你的伺服器都連上網際網路。

3. 上述的工作都完成之後，才開始進入採購硬體的階段。請謹慎做出你的決定，因為你將會把公司的大筆資金都投注在採購伺服器、交換器、路由器、防火牆、儲存設備、不斷電系統（UPS，以免發生電力中斷）、KVM 切換器，還有網路線、各種標籤（這些讓系統管理員都愛死了的小幫手），以及大批的各種備品、硬碟、磁碟陣列控制器、記憶體、電源線等等。

4. 這時，硬體採購好了，也都運進資料中心，你才終於可以把所有東西組裝起來，處理所有伺服器的接線，把所有東西都接上電。網路管理團隊才終於能進駐，想辦法處理各種接線、設定最外層的路由器、切換器、內層機櫃上的切換器、KVM，有時還有防火牆。接著，負責管理儲存設備的團隊進駐，並著手處理最重要的**網路附加儲存（NAS，Network Attached Storage）**或**儲存區域網路（SAN，Storage Area Network）**等等。最後才是你的系統維運團隊，建立伺服器映像、處理 BIOS 的升級（偶爾）、設定硬碟備援陣列，之後才終於要將作業系統安裝到伺服器上。

這些事情不僅需要一個大型團隊以全職的工時進行，而且還要花上大筆的時間與金錢成本來完成。如同本書將會說明的，以上這些步驟在改用 AWS 雲端服務之後，啟用一台新的伺服器並將之運行起來，只是以分鐘計的事情而已。事實上，接下來你將會見識，「如何在需求發生時，數分鐘之內就可以完成多台伺服器的部署並運行服務」，而且只需要花費「使用者付費原則」的成本。

# 成本分析

如果我們改從成本的觀點來看這件事情,改用如 AWS 之類的「雲端服務」進行部署,通常比你自己採購硬體來得便宜許多。如果你想要部署在自己的硬體上,你首先需要負擔前述所有硬體設備的資金(伺服器、網路設備、儲存設備等等),有時還要加上使用軟體的授權金。但如果是雲端服務的環境,你只要「用多少付多少」就好。你可以隨時增加或減少使用的伺服器數量,並且只負擔這些伺服器「真正運作期間」的費用。此外,如果你能善用 PaaS 與 SaaS 所提供的應用服務,通常能替你的維運省下大把的費用,進一步降低成本,而且還不需要僱用大量的員工來管理伺服器、資料庫、儲存空間等等。包括 AWS 在內,大多數的雲端服務供應商都會提供「套裝售價」或是「批發折扣」。當你的服務規模越發成長時,每單位儲存設備與頻寬等等的費用反而會愈見減少。

# 即時部署的基礎設施

如方才所言,當利用雲端服務進行部署時,你只需要對「實際有用到的資源」付費。因此大多數採用雲端服務架構的企業,都會利用這一點,根據連向他們站點的「流量變化」而增減他們所使用的基礎設施數量。而這種「可以即時反應需求,並增減伺服器以及服務數量」的能力,正是一個高效的雲端基礎設施所展現出的主要差異點之一。

在下面所提出的案例當中,我們可以看到在十一月(November)整個月內 **https://www.amazon.com** 所處理的流量變化。拜黑色星期五(Black Friday)與網路星期一(Cyber Monday)促銷活動所賜,這個月月底時的網路流量(traffic)幾乎爆增到三倍:

**November traffic to Amazon.com**

November

要是這間公司還是以傳統思維來架設他們的服務的話，他們就必須要有足夠的伺服器，以便應對（provision）月底高峰的流量，但這樣一來，全月平均下來將會只有 24% 的伺服器資源被使用到：

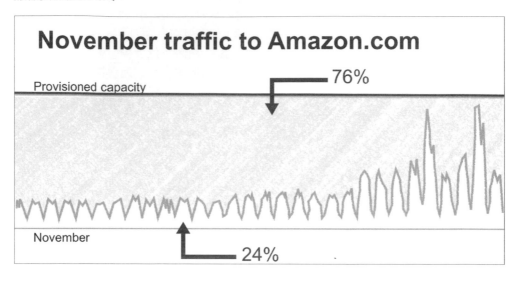

不過，在能夠動態調整容量之後，他們現在只要在「真正有需求的時候」再生出資源就好，於是便能靈活地應對因為黑色星期五與網路星期一而帶來的流量尖峰：

從有使用雲端服務的許多公司案例中，同樣可以看出擁有這種「可快速擴展能力」的好處。就拿 Medium 來說，這是常會發生在他們身上的另一種真實案例：常會有某則新聞突然竄紅，導致流量突增。比方說，在 2015 年 1 月 21 日時，白宮意外在歐巴馬總統於英國議會開始發表演說的幾分鐘前，直接把演說全文放上網了：**http://bit.ly/2sDvseP**。如下圖所示，幸好有雲端服務所提供的自動擴展（auto-scaling）機制，才能夠在這則消息爆發出來之後，快速將前端服務的伺服器數量增加到一倍以上，以便應對這突如其來的流量尖峰。之後，當流量逐漸平息下來時，這些被推上前線的伺服器也會自動進行調整，逐漸下架：

# 各種層級規模的雲端服務

當人們講到雲端運算時，通常是指以下三種不同**服務類型（service models）**的其中之一：

- **設施即服務（IaaS，Infrastructure as a Service）**：這是用來在上面打造一切雲端服務的基礎設施。IaaS 通常提供的是「以虛擬化環境為基礎」的運算資源，而背後結合的可能是運算能力、記憶體、儲存空間以及網路。你最常看到的 IaaS 實體有**虛擬機器（VM，virtual machine）**、網路設備（像是網路負載平衡器或是虛擬網路介面卡），還有儲存媒體（像是區塊裝置）等。這種層級的服務跟你自己買硬體沒兩樣，跟你在雲端環境外面部署軟體時的作法，具有同等的彈性。如果你具備資料中心的相關經驗，那麼這些經驗通常也能適用於這個層級的服務。

- **平台即服務（PaaS，Platform as a Service）**：這個層級的服務才開始真正涉入雲端服務的精神。當你在打造一款應用服務時，通常會需要一些常見的元件來支撐它，像是資料庫或是佇列等。而 PaaS 層級所著眼的，就是在你打造服務過程中提供一些可立即套用的應用服務，也不用煩惱如何對這些第三方服務（如資料庫伺服器等）進行管理或維運。

- **軟體即服務（SaaS，Software as a Service）**：這個層級的服務就有點算是錦上添花了。跟 PaaS 層級類似，你所使用的都是全受管服務項目，只是這次這些服務是一整套「特定於某種目的」而來的解決方案，像是用於管理或是監控的工具。

本書中大部分的內容都會圍繞在 PaaS 跟 SaaS 這兩種層級的服務上。當你在打造應用服務時，如果能妥善利用這些服務的話，將能感受到與傳統方式有天差地別的不同。在部署或移植到一個新的基礎設施時，同樣能讓你感受到這種差異的另一重要關鍵，就是引入 DevOps 文化。

# 引入 DevOps 文化

想要在一間公司內引入 DevOps 文化，最重要的關鍵就是如何以適合的方式讓開發與維運單位能夠順暢合作。為了做到這一點，你可以參考本書所介紹的各項工具與技術，利用這些來達到 DevOps 文化當中強調的各種最佳開發實務框架。

## DevOps 的由來

DevOps 這一嶄新文化的問世始於 2009 年的比利時，當時由 Patrick Debois 召集了一群人，共同舉辦了一場 DevOpsDays 論壇，探討如何從「基礎設施層面」來協助「敏捷開發」的概念落實。而「敏捷開發」正是現今改變了軟體產業開發模式的關鍵。在過去傳統的「線性瀑布式開發模式」當中，產品團隊（product team）會先提出需求（specification），而後設計團隊（design team）會建立並定義一些「使用者經驗與使用者介面」（UI/UX）的細節。接著，開發團隊（engineering team）會開始根據收到的「產品需求或功能描述」進行實作（implement），再將程式碼交給品管單位（QA team），進行測試（test），以確保開發出來的程式碼能夠與需求所描述的一樣運作無誤。等到所有的程式缺失都被修正後，負責發佈的團隊（release team）就會將最終的程式碼打包，並交給維運團隊（technical operations team），進行程式的部署（deploy），並持續監控（monitor）上線的服務：

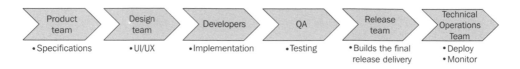

但是這種傳統的線性瀑布式流水線，在遇到「持續變得更複雜」的軟體與技術時，便會暴露出這種方式的侷限。因此敏捷開發對此提出了一些改進，讓設計者、開發者以及測試人員之間可以有更多互動合作的機會。如今由於「在產品開發過程當中」這些團隊之間可以有機會進行反覆修改，因此大幅增加了產品的品質。不過除了這部分以外，其他的還是傳統線性流程：

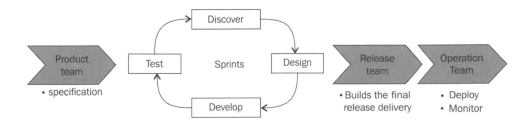

過去這些「依循敏捷開發所建立的新流程」並未擴展到品管週期以外的地方，因此，現在是時候讓軟體開發的生命週期進化了。這種對敏捷開發流程的改善，並且讓設計者、開發者與測試單位之間擁有更多的合作關係，正是 DevOps 的初衷，很快的，DevOps運動便開始將目光聚焦到如何讓開發者與維運之間建立合作關係。

## 開發與維運之間的兩難困境

在非 DevOps 的文化當中，開發者是負責開發新產品與新需求並維護既有程式碼的存在，但只有在他們的程式碼被交付出去之後才算是完成工作。因此這鼓勵了他們越快交付越好。但另一方面，從維運單位的角度來說，則必須要對已上線的產品環境進行維護。對這些團隊來說「改變就是大敵」。不論是新的功能還是新的服務，都會增加問題出現的風險，因此以他們的角度而言，事情最好是能夠步步謹慎小心。為了要將風險降到最低，維運單位通常會事先規劃好部署的時程，這樣他們才能夠以階段性的方式對所有產品的部署進行測試，以便將成功的機率提高到最大。而對於企業等級的軟體公司來說，也常會以事先規劃好維護期的方式來進行管理，換句話說，對產品的變更只能在這些短暫期間內進行，像是半年一次、甚至一年才一次而已。不幸的是，大多數的部署過程並不會一次到位，這背後是有各種原因存在的。

# 過於巨大的變動

單次變動幅度過大這件事情，可以說跟「產品中會出現重大程式缺失的風險」有著明確的相關性，就如下圖所示：

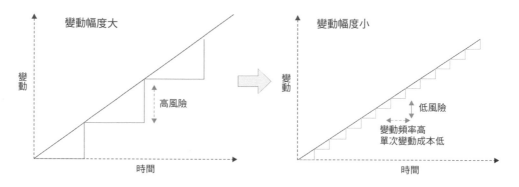

# 線下與線上環境的差異

一種常見的情境是，開發者所產製的程式碼在「線下開發環境」（development）都可以運作正常，但到了「線上環境」（production）就出現問題。大多數時候，這是由於「線上的環境」與「其他用於測試的環境」存在巨大差異，導致某些無法事先預期的錯誤發生。這當中最常見的原因之一是服務在線下時都放在同一台開發環境伺服器上，或是線下與線上環境的安全等級不同，因此當服務放到線上環境時便無法順利彼此溝通。另外一種可能性是開發環境上所使用的函式庫版本差異問題，因此用來溝通的介面可能會有所不同。又或者是，開發環境所使用的「新版本」有著「線上環境舊版本」不存在的功能。也有可能單純只是環境規模帶來的差異而已，像是開發環境「用於測試的資料集」不如線上環境的規模，因此當新版程式上線到線上的環境規模後，意外就此發生。

# 彼此的溝通問題

最後一種兩難困境肇因於不良的溝通。

根據 Conway 定律（Conway's Law）所言：「一間公司設計出來的系統恰如其公司自身內部的溝通架構之縮影。」—Melvin Conway

換句話說，組織內部的溝通能力會老實地反映在打造出來的產品身上。發生的問題在許多時候並非來自於技術層面，而是使用這個技術的人以及組織。如果在你組織內部的開發者與維運者之間有運作不順的情形存在，那麼你的產品也會出現問題。而在 DevOps 的文化當中，開發者與維運者註定有著不同的觀點與看法，但他們會透過採用共同的作業方法以及共享責任的方式，打破彼此之間的藩籬，以便增進生產力。盡量使一切自動化（但畢竟不是所有事情都能如此簡單就自動化，因此這邊只是「盡量」而已），並且採用量化的方式來評量工作成效。

# DevOps 文化的重要特性

如同前述所言，DevOps 文化是建築在幾則重要的原則之上：將一切納入原始碼控管機制（或稱版本管控）、盡量將一切納入自動化，並將一切量化。

## 將一切都納入原始碼控管機制

距離版本管控軟體的面世已經過數十載，但多數時候這個軟體只是用來管控產品的程式原始碼而已。當你引進 DevOps 文化之後，要納入控管的將不只是應用服務的程式碼，還有包括設定檔、測試項目、說明文件，以及所有要將應用服務自動化部署到其他環境基礎設施上所需的設定，而且所有項目都要如同原始碼管控那樣，經過**原始碼管理者**（**SCM，Source Code Manager**）的審核流程。

## 測試自動化

雖然自動化軟體測試本身遠早於 DevOps 的面世，但誰說新瓶不能裝舊酒？多數時候我們的開發者都只專注於開發新的功能，而常常忘記要對程式進行測試。在 DevOps 文化環境下，開發者必須負起責任，對自己的程式碼加上適當的測試方法。當然品管單位還是有存在的必要；只是如今開發單位與品管單位相同，都要建立自動化的測試方法。

這個主題很值得另外寫成一本專書，不過簡單來講，就是在開發程式時請謹記以下四個測試自動化的階段，以便達到 DevOps 文化的要求：

- **單元測試（Unit testing）**：這是用於測試程式中每個區塊與函式的功能是否正常。
- **整合測試（Integration testing:）**：這是用於確認服務與元件是否運作正常。

- **使用者介面測試（User interface testing）**：這通常是最難以達成自動化的階段。
- **系統整合測試（System testing）**：這是屬於徹底的完整測試。如果以分享照片的應用服務為例，那麼整合測試就可能包括開啟首頁、登入、上傳照片、加上照片註解、發佈，然後登出。

# 基礎設施佈建與設定的自動化

在最近數十年間，「會使用到的基礎設施平均數量」與「這些設施的複雜度」爆炸性地增長。如果你還在用過去那種對單一工作站點對點的管理方式，就非常容易發生問題。而在 DevOps 文化當中，對伺服器的架設與設定、網路、還有安裝共用的服務項目等都是自動化完成的。通常 DevOps 運動中較為人知的訴求是對設定的管理，但這其實也只是冰山一角而已。

# 部署自動化

經過前述的說明，你應該能了解最好「每對軟體進行完一次小幅度的修改」，就盡快將這些更新部署上線，以確保服務的正常。採用 DevOps 文化的企業要做到此點，就要依靠持續整合機制（continuous integration），以及持續部署流程（continuous deployment）。每當有小幅度修改的程式準備好要上線時，就會觸發這個持續部署流程。透過一個自動化的測試系統，用所有相關的測試項目來對新版的程式進行測試。如果新版程式沒有出現明顯的異常問題，就會被判定為核准，可以被整合到主線程式庫當中。之後不需要開發者的介入，就可以建置出含有新修改項目的新版服務（或應用服務），並且推送到被稱為**持續部署系統（continuous deployment system）**的一套流水線上。接下來持續部署系統會將新的建置版本自動部署到其他環境上。根據部署流程的複雜度不同，這個過程可能會經過測試環境、整合環境、有時甚至還會再經過一個「上線前環境」，而如果沒有人為介入也沒有異常發生的話，當然最後就會被部署到正式的線上環境了。

對於持續整合與持續部署機制的一個常見錯誤認知是，覺得這些新上線的功能在部署之後就會直接開放給使用者。但相反地，開發者可以透過維護功能開啟與否的切換標記，形成「漸層上線」（dark launch）。總而言之，每當你開發了新的程式並決定要對末端使用者隱藏時，可以修改服務設定檔寫入一個標記，決定誰可以、以及如何存取這些新功能。從開發者的觀點來看，「漸層上線（dark launching）一項新功能」可以在使用者看不到這項功能的情況下，以線上流量的環境進行壓力測試，以確認這項功能對資料庫、效能等等方面的影響。就維運的觀點來看，你可以決定將這項新功能「只對少部份使用者」開放，以便確認是否運作正常；又或者可以跟「其他無法使用新功能的使用者」比較，看是否能增進使用者對服務的黏著度等等。

# 將一切都納入量化評估

最後一項引入 DevOps 的企業所需要注意的原則，就是將一切都納入量化評估。如同 Edwards Deming 所說的：「無法量化就無法進步」。而 DevOps 就是一個不斷在追求進步的過程，不斷確認需評估的項目並改進，以便改善產品的整體品質，也改善了團隊本身。以下是一些企業內部最常從維運與維修觀點進行評估的量化項目：

- 確認一天之內有多少更新版本被推送到正式環境上
- 確認需要將正式環境倒回（roll back）先前版本的頻率有多高。（會發生這類事情就表示你的測試並未把重大缺失找出來）
- 程式碼被修改的幅度
- 事態嚴重到需要讓 on-call 工程師立即處理的發生頻率
- 服務中斷的頻率
- 應用服務的效能
- **平均修復時間（MTTR，Mean Time to Resolution）** 的長度，這個數值代表多快可以修復中斷的服務或效能問題

而如果進一步提高到企業層面，也有一些項目可以供你評估引入 DevOps 文化後的影響。雖然大多數都不是那麼容易被量化，但還是可以參考以下數點：

- 跨部門合作的次數
- 各部門的自我管理程度
- 跨功能項目間的合作與部門貢獻程度
- 產品線的流暢程度
- 開發單位與維運單位的溝通頻率
- 工程師對工作的滿意度
- 對流程自動化的態度
- 對量化評估的使用程度

就如前述所說，要引進 DevOps 文化就代表必須先將過去「把開發單位與維運單位視為兩個分別獨立個體」的傳統思維改變，並在「軟體開發的生命週期內」的所有階段，促成雙方更多合作機會。

為了達成上述的新思維模式，在 DevOps 文化中就需要一組工具來實現自動化、部署以及監控。而位於整個 DevOps 哲學中心的，則是由這些自動化設定、測試，以及開發與維運單位之間緊密合作所驅動的小幅發佈循環：

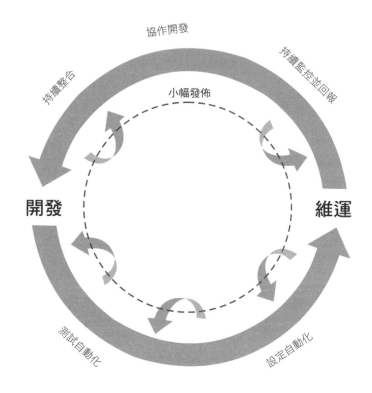

而在 Amazon 的 AWS 雲端服務平台中，就有數項 PaaS 與 SaaS 類型的服務可以協助我們實現此點。

# 部署到 AWS 雲端服務

AWS 雲端服務平台可說是雲端服務供應商的先驅之一。自從在 2006 年開始提供 SQS（全受管訊息佇列服務，Simple Queue Service）與 EC2（彈性運算雲服務，Elastic

Compute Cloud）服務之後，Amazon 很快就晉身為最大的 IaaS 服務供應商。他們擁有最大規模的基礎設施，形成最大的生態，而且還在持續增加新的功能並推出新的服務。到了 2018 年，他們已經服務超過百萬客戶。在過去數年來，他們改變了大眾對雲端服務的認知，到現在，將新上線的應用服務部署在雲端已經是一種新的常態。使用 AWS 雲端服務所提供的這些工具與服務，可以快速改善你的生產流程，並且讓你的單位人力保持精簡。Amazon 會持續了解客戶的回應與需求，並且調查市場潮流。因此當 DevOps 運動萌發的時候，Amazon 就發佈了一系列的新服務項目，用以協助 DevOps 文化中的數項原則達到最佳實踐。在本書中，你也將會看到這些服務如何與 DevOps 文化相輔相成。

# 如何最佳化利用 AWS 雲端服務生態

Amazon 的服務項目就好比樂高積木一樣。如果你已經對產品的最終型態有所規劃，那麼你就可以開始探索這些服務，並如同組積木一樣嘗試將這些服務組合起來，打造出一個可以讓你快速、迅捷建置出產品的輔助工具組。說要「嘗試」，但當然一開始不會那麼簡單，這畢竟不是積木，不像積木有著鮮明的顏色與明確的外型，要熟悉這些服務項目需要一些時間。這也是為何本書採取偏向實務的方式撰寫，透過各章內容說明，我們將會以一個「網頁應用服務」作為核心產品範例，試著將其部署上線。過程中也將會看到如何擴展基礎設施數量，以便容納上百萬的用戶，並增進服務的安全性。當然這些部份也會依循 DevOps 文化的最佳實踐原則。透過這些實務範例，你可以了解如何利用 AWS 雲端服務所提供的一系列受管服務與系統，來實作常見的工作任務如運算、網路、負載平衡、資料儲存、監控，並以程式化方式管理基礎設施、部署、快取以及佇列等。

# 如何結合 AWS 雲端服務與 DevOps 文化

如同本章先前所述，引入 DevOps 文化最重要的一點就是透過打破開發與維運單位之間的隔閡，藉此讓開發團隊緊密合作，並引進一系列新的工具來協助達到最佳實踐。而 AWS 雲端服務提供多種方式來協助達成這件事情。比方說，對某些開發者來說，維運是件棘手而令人退卻的事情，但如果你希望增進開發團隊人員之間的合作，那麼最好要讓「組織中所有團隊人員」了解維運一項服務所需的各種面向。

而對維運人員來說，你不能總是對開發人員心存芥蒂，而是應該放開心胸讓他們參與生產流程以及與平台上其他元件互動。要達成以上這些，從 AWS 雲端服務的管理主控台開始會是個不錯的切入點，如下圖所示：

## AWS services

Find a service by name or feature (for example, EC2, S3 or VM, storage).

> Recently visited services

∨ All services

### Compute
EC2
EC2 Container Service
Lightsail ☐
Elastic Beanstalk
Lambda
Batch

### Storage
S3
EFS
Glacier
Storage Gateway

### Database
RDS
DynamoDB
ElastiCache
Redshift

### Networking & Content Delivery
VPC
CloudFront
Direct Connect
Route 53

### Migration
Application Discovery Service
DMS
Server Migration
Snowball

### Developer Tools
CodeStar
CodeCommit
CodeBuild
CodeDeploy
CodePipeline
X-Ray

### Management Tools
CloudWatch
CloudFormation
CloudTrail
Config
OpsWorks
Service Catalog
Trusted Advisor
Managed Services

### Security, Identity & Compliance
IAM
Inspector
Certificate Manager
Directory Service
WAF & Shield
Artifact

### Analytics
Athena
EMR
CloudSearch
Elasticsearch Service
Kinesis
Data Pipeline
QuickSight ☐

### Internet of Things
AWS IoT
AWS Greengrass

### Contact Center
Amazon Connect

### Game Development
Amazon GameLift

### Mobile Services
Mobile Hub
Cognito
Device Farm
Mobile Analytics
Pinpoint

### Application Services
Step Functions
SWF
API Gateway
Elastic Transcoder

### Messaging
Simple Queue Service
Simple Notification Service
SES

### Business Productivity
WorkDocs
WorkMail
Amazon Chime ☐

雖然乍看之下可能會眼花撩亂，但對於本來就不熟悉的人來說，比起去看一堆隨時都可能過時的說明文件，還不如放手讓他們探索這個網頁介面，透過 SSH 的安全管制，隨性地探索服務的設計架構以及設定。而在你的經驗與熟悉度增長之後，相對的應用服務也會愈見複雜，這時也會開始需要增進維運的效率，於是上述的網頁介面便有其不足之處。要克服這個階段，就要透過 AWS 雲端服務對 DevOps 所提供的友善選擇：也就是 API 介面。你可以透過指令列介面的工具結合一系列的 SDK 工具（包括 Java、JavaScript、Python、.Net、PHP、Ruby Go 以及 C++ 等）讓你進行管理並使用這些受管服務。最後，如同前面幾個小節所述，在 AWS 雲端服務上面已經準備好符合 DevOps 方法論的一系列服務，於是我們便能依此迅速建立一套複雜的解決方案。

在這當中你會使用到的一些主要服務包括「在運算層面上用以建立虛擬伺服器」的 **EC2**（**彈性運算雲，Elastic Comput Cloud**）服務。後續當你開始想要了解如何擴展基礎設施時，就會需要熟悉自動擴展群組（Auto Scaling Groups），這是個可以讓你擴展 EC2 實體的待用池，以便應對尖峰流量與伺服器異常的服務。建議還可以了解一下 **Docker** 跟 **ECS（Elastic Container Service**）這兩種容器的概念不同。最後你可以試著利用 **Lambda** 建立無運算伺服器架構的功能，在不需要實際管理一台伺服器的情況下，直接運行自訂的程式。而為了實踐持續整合與持續部署的系統，你將會使用到以下四項服務：

- **AWS 簡易儲存服務（S3，Simple Storage Service）**：這個物件儲存服務可以讓我們存放各種檔案。
- **AWS CodeBuild**：用於測試程式碼。
- **AWS CodeDeploy**：可以將我們的檔案部署到 EC2 實體上。
- **AWS CodePipeline**：可以讓你決定程式該如何組建、測試，然後部署到各個環境上面去。

要進行監控以及量化評估時，你將會用到 **AWS CloudWatch**，然後再使用 **ElasticSearch/Kibana** 來對評估項目與紀錄進行收集、建立索引，並視覺化。而為了要將資料導向上述這些服務，會使用到 **AWS Kinesis**。而之後如果需要寄發信件或簡訊來發出警告，就會再加上 **AWS SNS（簡易訊息服務，Simple Notification Service）**的使用。在基礎設施的管理方面，則可以倚重 **AWS CloudFormation** 的功能建立基礎設施的模板框架。到最後，在你開始要思考如何增進基礎設施安全性的時候，就會用上**安全性評估（Amazon Inspector）**與 **AWS Trusted Advisor**，並且深入探索 **IAM（身分與存取管理，Identity and Access Management）**與 **VPC（虛擬私有雲，Virtual Private Cloud）**等服務的更多細節。

# 小結

在本章節中，我們已經了解要引進 DevOps 文化最重要的一件事情，就是如何改變傳統開發單位與維運單位之間的合作方式。這兩個單位之間不應有不同的工作目標以及責任歸屬，引進 DevOps 文化的企業應透過整合的工作流程與新工具的輔助，讓這些單位之間的合作更加互補。這些新的工作流程與工具不僅只是從測試到部署、甚至基礎設施管理的全面自動化，還包括全面的量化，讓你可以隨時改善這些流程。而提到雲端服務這塊領域，AWS 可說是先驅之一，比其他雲端服務供應商擁有更多樣的服務項目。這些服務項目都可以透過 API 與 SDK 存取，這對要達到自動化的目標來說是項優勢。此外，DevOps 文化中的各項關鍵原則也都可以在 AWS 雲端服務中找到適用於實踐的工具與服務項目。

在「第 2 章，部署第一個網頁應用服務」當中，我們將會開始著手實作並使用 AWS 雲端服務。最後的學習目標將會是部署一個 Hello World 應用服務並對網際網路上的所有人開放。

# 課後複習

1. 什麼是 DevOps 文化？

2. 什麼是 DevOps 中的「基礎設施程式化」？

3. DevOps 文化中的關鍵要素有哪些？

4. 雲端產業中的三種服務規模是什麼？

5. AWS 雲端服務平台是什麼？

# 延伸閱讀

更多關於 AWS 服務項目的資訊請參考：https://aws.amazon.com/products/

# 2

# 部署第一個網頁應用服務

在前一章當中，我們介紹了雲端服務的概觀，並解說其優點，以及引入 DevOps 文化的意義所在。AWS 雲端服務平台提供了一系列的服務項目，你可以輕易地就透過網頁介面（web interface）、指令列介面（command-line interface），或是各種 SDK 或 API 工具來進行存取。在本章節我們將利用網頁與指令列介面，建立並且設定我們的帳號，然後建立一個網頁伺服器（web server），部署一個簡單的 Hello World 應用服務，而以上這些將只需要以分鐘計的時間便可完成。

本書第二章的內容將會著眼於介紹以下這些主題：

- 建立並設定你的帳號（account）
- 建立你的第一個網頁伺服器

## 建立並設定帳號

如果還沒有註冊過 AWS 雲端服務平台帳號的話，現在就是你跨出第一步的時候了。

# 註冊帳號

這個步驟要做的事情就如字面上所說的那樣單純。如果你還沒註冊過帳號的話，首先從瀏覽器中開啟 https://portal.aws.amazon.com/gp/aws/developer/registration/ 頁面，點擊 **Create a new AWS account**（建立一個新的 **AWS** 帳號）按鈕，並跟著畫面上的步驟進行。這邊會需要你提供一個電子信箱地址，以及一張信用卡的資訊。

只是在步驟當中有以下兩點需要注意：

- 如果你想要將部署使用的伺服器放在中國區域，那麼需要改到 https://www.amazonaws.cn/ 建立帳號。

- 針對美國中央聯邦、州政府以及地方政府單位，AWS 雲端服務平台有提供一項特殊的需求服務項目叫 **GovCloud**。如果要註冊這個服務，請使用 https://aws.amazon.com/govcloud-us/contact/ 這個連結。

> 在本書中我們將使用位於美國北維吉尼亞州的伺服器作為範例，因此直接透過一般的註冊程序管道註冊即可。

此外 Amazon 對於新註冊的用戶也有提供一項免費的套裝服務（tier program）。這項服務是可以讓你在不用花費任何成本的情況下，探索了解他們的服務內容。由於這項優惠可能會在日後有所變動，因此本書並不會特別針對這項優惠的內容進行說明，但你可以在 https://aws.amazon.com/free/ 找到相關的細節。

一旦你完成註冊程序之後，就會進到 AWS 管理主控台的頁面。Amazon 現在上面有很多服務項目，因此這個畫面會看起來有點讓人眼花撩亂，不過之後很快就會熟悉了。如果你習慣將常用網頁加入我的最愛書籤的話，那麼這個頁面絕對就是你的首選：

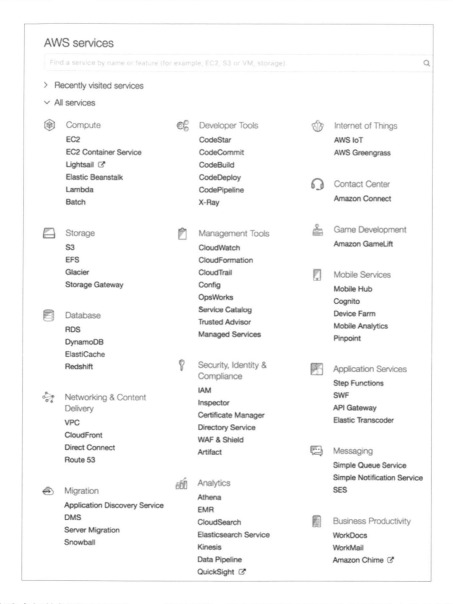

方才建立好的帳號又被稱為 root 權限帳號,這個帳號擁有對你手中資源的完全控制權。而也正因為如此,請務必將這個帳號的密碼小心保管。最好的方式還是透過稍後要介紹的 IAM 服務建立一個一般使用者帳戶,並且不再使用 root 權限帳號。此外強烈建議啟用**多因子認證機制(MFA,multi-factor authentication)**,並且使用**身分與存取管理(IAM,identity and access management service)**服務來管理使用者帳戶,然後設定一組複雜度比較高的密碼。

# 啟用 root 權限帳號的多因子認證機制

為了避免帳號安全性的問題，我們在註冊完之後需要作的第一件事情，就是啟用多因子認證機制（MFA）。如果你不知道這是什麼，簡單講多因子認證機制就是一種安全系統，在使用者要登入時，採用「超過一種且互為獨立的身分認證機制」來驗證登入者的身分。具體來說，一旦啟用此機制後，你要登入 root 權限帳號時，除了先前註冊時設定好的密碼之外，還會需要另外一組從其他管道得到的密鑰。後者所說的其他管道可以是「透過如 amazon.com 上販售的 SafeNet ID Prone 認證卡」這類實體裝置（http://amzn.to/2u4K1rR），又或者是透過你手機的簡訊發送，也有可能是透過安裝在你智慧手機上的應用程式等等。我們在這邊選擇使用第三種手機應用程式的方式，因為這個方式是完全免費的：

1. 前往手機的應用程式商店，像是 Google Play 或是 App Store，然後安裝一個叫做「**Google Authenticator**」的軟體（或是其他同等功能的軟體，像是 **Authy**）。

2. 在 AWS 管理主控台的右上角，打開 **My Security Credentials（我的安全憑證）**頁面：

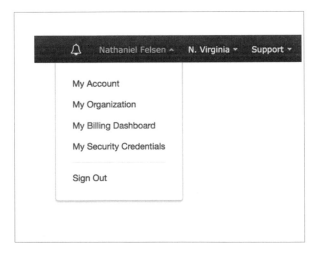

3. 如果跳出一個 **Creating（建立）**的視窗提示你應該**改用 AWS 的 Identity and Access Management（權限受控使用者身分）**，這時先點選 **Continue to Security Credentials（繼續使用安全憑證頁面）**按鈕。我們稍後會在「第 3 章，基礎設施程式化」再介紹 IAM 這套系統。接著打開頁面上的 **multi-factor authentication（MFA，多因子認證）**內容框。

4. 選擇 virtual MFA 選項，然後跟隨指示將 Google Authentication 與你的 root 權限帳號綁定（使用 **scan the QR code** 掃描 QR 二維條碼應該是最簡單的綁定方式）。

從此之後，你就需要同時用到「密碼」以及「與 MFA 綁定的應用程式上顯示的密鑰」才能以 root 權限帳號的身分登入 AWS 管理主控台了。

---

**在管理密碼與使用 MFA 上的兩個小訣竅**

有很多軟體都可以用來協助管理密碼，像是 **1Password**（https://agilebits.com/onepassword）或是 **Dashlane**（https://www.dashlane.com）等等。

而在使用多因子認證機制上，我非常推薦使用 **Authy**（https://www.authy.com）。它跟 Google Authenticator 的使用方式類似，但因為使用中央化的伺服器，所以可以讓你跨不同類型的裝置使用（還有提供桌上型電腦版本的軟體），就算你不小心搞丟了手機，也不會因此無法登入 AWS。

---

如同我們先前看到的提示視窗所說，對 root 權限帳號的使用應該限制在最少的程度。因此後續如建立虛擬伺服器（virtual server）、設定服務等等的動作，就需要依靠 IAM 服務，才能讓我們透過對每個使用者帳戶的授權控管來進行。

# 在 IAM 中建立一個新使用者帳戶

在接下來的這節中，我們將替「所有要登入 AWS 雲端服務平台的每一個使用者」都建立並設定帳號。不過，先讓事情單純一點，從給自己建立一個帳號開始就好，步驟如下所示：

1. 從 AWS 管理主控台打開 **Identity and Access Management**（**IAM，身分與存取管理**）選單（https://console.aws.amazon.com/iam/）。也可以從 AWS 管理主控台左上角的 **Services**（**服務**）下拉選單中，搜尋「IAM」。

2. 從選單畫面中選擇 **Users**（**用戶**）項目。

3. 點擊 **Add user**（**新增使用者**）按鈕給自己建立、添加一個使用者用戶帳號，並且確認有勾選 **Programmatic access**（**資訊化存取**）的選項以便產生存取金鑰與密鑰。

4. 保持預設的設定然後建立使用者帳號，別忘記要下載憑證（credentials）。

5. 接下來會回到 **Users** 項目的選單，然後點選你建立的使用者帳號進入 **Details**（**詳細**）頁面。

6. 在 **Permissions**（**權限**）頁籤中，點選 **Add permissions**（**添加權限**）按鈕，然後選擇 **Attach existing policies directly**（**直接套用現成的安全性原則**）選項。

7. 點擊 **AdministratorAccess**,以便讓新建的這個使用者帳戶可以取得對 AWS 服務項目與資源的完整存取權。最後顯示的畫面應如下所示:

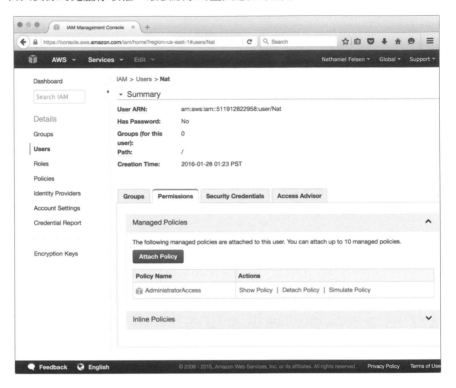

最後一件要做的事情就是給這個帳號設定一個密碼,然後開啟屬於這個帳號的多因子認證機制,步驟如下所示:

8. 打開 **Security Credentials(安全證書)**頁籤。

9. 點選 **Console Password(管理密碼)**啟用新帳號的密碼機制。設定密碼然後點擊 **Apply(套用)**按鈕。

10. 一旦添加好密碼之後,點選 **Assigned MFA Device(管理 MFA 設備)**。

11. 選擇 **A Virtual MFA Device(虛擬 MFA 設備)**然後依畫面提示的步驟進行,直到替你新建的帳號啟用多因子認證機制為止。最後會看到下面這則訊息「**The MFA device was successfully associated with your account**」(**多因子認證設備已經成功與帳號綁定**)。

到這個步驟為止就可以開始使用你新建立好的使用者用戶帳號了。重要的是，要記得「登入 IAM 用戶帳號」跟「登入 root 權限帳號」是不同的兩件事情。最主要的差別是登入時的入口不同。

12. 打開 https://console.aws.amazon.com/iam/home#home，或是點選 **IAM（身分與存取管理）**選單中的 **Dashboard（控制面板）**。

13. 你會在 **IAM users sign-in link（IAM 用戶登錄連結）**底下看到一條專屬的登入用入口。而且你還可以自己修改定義連結。將這個連結位址存到我的最愛或書籤中，之後就要改用這個網址登入 AWS 管理主控台。

14. 從 root 權限帳號 **Sign out（登出）**。

15. 重新登入，但這次要使用你的 IAM 使用者用戶帳號登入（https://< 你的 AWS 帳號 id 或別名 >.signin.aws.amazon.com/console）

**請不要將你用於登入的密鑰或金鑰分享出去**

在你完成前述這些步驟後，便能利用多因子認證機制加上 IAM 使用者用戶帳號身分，登入 AWS 的管理主控台。雖然我們現在登入時需要兩種因子（指的是密碼與 MFA 密鑰），但同時也擁有了一個急切需要保護起來的訪問密鑰。任何人只要能夠拿到你的金鑰或訪問密鑰（可以在 credentials.csv 檔案中看到），就能夠以完整的管理者權限登入你的 AWS 帳號。因此，請確保不要在網路上將這些憑證公開或分享。

接下來，我們就要來設定帳號和電腦，以便透過指令列介面來跟 AWS 雲端服務平台進行互動。

# 安裝並設定指令列介面（CLI）

雖然透過 Amazon 提供的網頁操作介面來探索這些嶄新的服務項目，在一開始會是個不錯的方式，但問題是當之後「在效率上的需求增加、追求更快速的處理、需要處理更多重複的操作，或是想要建立完善的說明文件」，那麼這時透過「更簡潔明瞭的指令」來操作將會更具效率。而 Amazon 也有提供一套完善且易於上手的指令列操作介面。由於這套工具是以 Python 程式語言寫成，因此可以跨作業系統平台使用（像是 Windows、Mac 與 Linux）。

接下來我們將在筆記型電腦或桌上型電腦上安裝這套工具，以便讓我們透過 bash 形式的指令列環境與 AWS 雲端服務平台互動。由於 Linux 與 Mac OS X 本身便內建有 bash 指令列環境，因此如果你的作業系統是這兩者之一，就可以跳過下一小節的步驟。但如果是使用 Windows 系統，就得要先安裝一個稱為 **Windows Subsystem for Linux**（**WSL，適用於 Linux 的 Windows 子系統**）的功能，這樣才能如同 Ubuntu Linux 環境那樣，使用 bash 指令工具。

## 安裝 Windows Subsystem for Linux（Windows10 以上）

Linux 與 Max OS X 對於現今的開發者來說可算是最普遍使用的作業系統平台。Windows 直到最近才透過與 Canonical 這間公司合作，發表支援 Bash 指令列環境的功能與提供最常見的 Linux 套件包（package）。這間公司是眾多「廣受歡迎的 Linux 發行版本」的發行者之一。在 Windows 上安裝這套工具之後，就能夠如同使用 Linux 那樣，用更為便捷的方式與伺服器互動了：

1. 點擊「**開始**」（**Start**）按鈕然後搜尋「設定」關鍵字，開啟「**設定**」（**Settings**）應用程式。

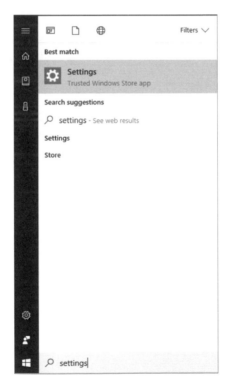

2. 接著你會看到如下畫面之「**Windows 設定**」視窗。請從中搜尋開啟「**Windows Update 設定**」選單：

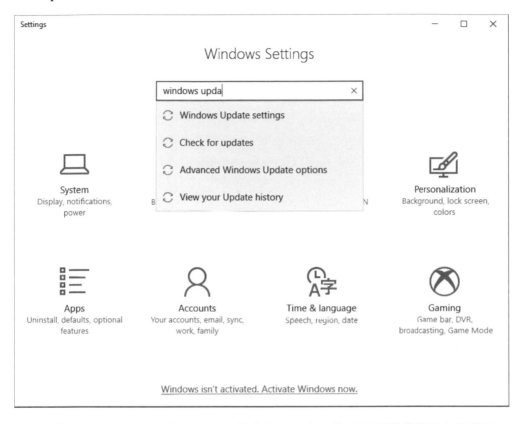

3. 在「**Windows Update 設定**」畫面的左側選單中，找到並點擊「**開發人員專用**」（**For developers**）然後開啟「**開發人員模式**」（**Developer mode**）。

4. 一旦開啟「**開發人員模式**」之後，就回到左側選單上方的搜尋列，搜尋「**控制台**」
（**Control Panel**）：

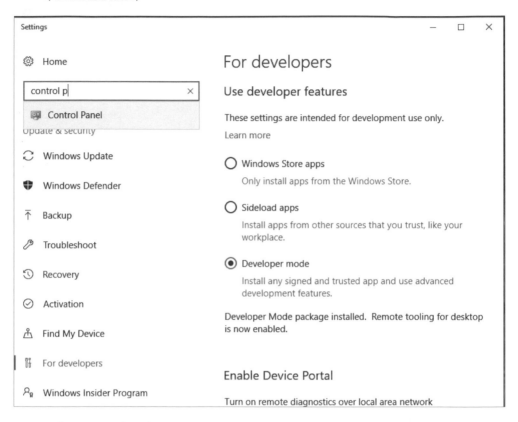

5. 在「**控制台**」畫面當中，使用視窗上方的搜尋列，找到「**程式和功能**」（**Programs and Features**）項目底下的「**開啟或關閉 Windows 功能**」（**Turn Windows features on or off**）選單：

6. 在這個功能的選單中，找到名稱為「**適用於 Linux 的 Windows 子系統（搶鮮版）**」（**Windows Subsystem for Linux (Beta)**）的項目，勾選啟用，然後點擊「**確定**」（**OK**）按鈕：

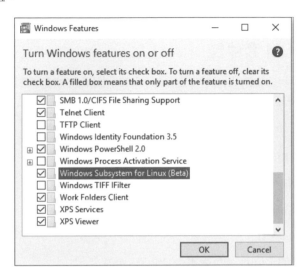

這樣就會開始安裝這項功能，之後會提示你重新啟動電腦。

7. 當重新回到 Windows 之後，再次點擊「**開始**」按鈕並搜尋「**Bash**」然後就可以從 Windows 應用市集下載安裝「**Bash on Ubuntu on Windows**」（**Windows 上的 Ubuntu 虛擬機器 Bash 指令列環境**）：

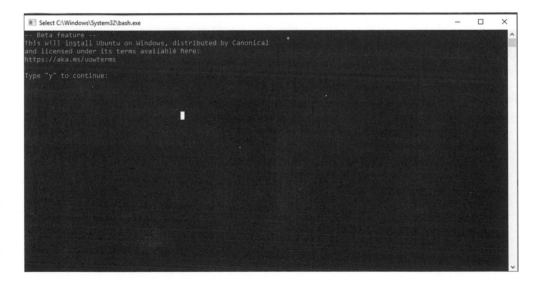

8. 當經過一些初始化的步驟之後，你就可以如同在 Linux 作業系統環境那樣，在 Windows 中操作 Bash 指令列環境了。

這個步驟完成之後，接下來才能夠使用本書內容中所提供的 bash 指令應用程式。

## 安裝 AWS 的 CLI 套件包

如同前述，這項工具是以 Python 程式語言寫成的，因此這個套件有幾種不同的安裝方式，我們這邊選擇使用 PyPA，也就是 Python 的套件管理工具來安裝。

要安裝 PyPA 的話，請根據你使用的作業系統環境，執行如下指令：

- **Windows 環境：**

```
$ sudo apt install python-pip
```

- **Mac OS X 環境：**

```
$ sudo easy_install pip
```

- **Debian 為主的 Linux 發行版本：**

```
$ sudo apt-get install python-pip python-dev build-essential
```

- **Radhat 為主的 Linux 發行版本：**

```
$ sudo yum -y install python-pip
```

在 PyPA 安裝完成之後，你就可以呼叫 pip 這個指令工具了。

最後，使用 pip 這個指令來安裝 AWS 雲端服務平台的 CLI 工具，只需要執行以下這行指令即可：
```
$ sudo pip install --upgrade --user awscli
```

如果會看到訊息提示要你將 pip 升級到最新的版本，那就執行 pip install --upgrade pip 指令。

> 雖然本書內容中顯示的輸出訊息都是以 CentOS 系列的 Linux 發佈版本為主，但操作過程在上述的其他支援平台都大同小異。

# 設定 AWS 的 CLI 工具

首先你要準備好「我們先前在 IAM 建立新使用者用戶帳號時，步驟 4 下載憑證當中」的 AWS 存取金鑰與密鑰：

```
$ more credentials.csv
User Name,Access Key Id,Secret Access Key " 使用者帳號 ",
AKIAII55DTLEV3X4ETAQ, mL2dEC8/ryuZ7fu6UI6kOm7PTlfROCZpai07Gy6T
```

接下來要執行下面的指令，將我們在 AWS 雲端服務平台的帳號設定進去：

```
$ aws configure
AWS Access Key ID [None]: AKIAII55DTLEV3X4ETAQ
AWS Secret Access Key [None]: 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
Default region name [None]: us-east-1
Default output format [None]:
```

到這步為止，我們就完成了使用 CLI 的準備工作，還可以用以下的指令來將「設定進去的使用者帳號」列出來，以此來確認準備完成：

```
$ aws iam list-users
{
    "Users": [
        {
            "UserName": " 使用者帳號 ",
            "PasswordLastUsed": "2018-08-07T09:57:53Z",
            "CreateDate": "2018-08-07T04:56:03Z",
            "UserId": "AIDAIN22VCQLK43UVWLMK",
            "Path": "/",
            "Arn": "arn:aws:iam::094507990803:user/ 使用者帳號 "
        }
    ]
}
```

## AWS 的 aws-shell 工具

 Amazon 還有另外一套叫做 aws-shell 的指令列介面工具。這套工具比起傳統的 awscli 指令工具來說，具有較多的互動性。甚至提供了會彈出的自動完成指令提示，以及可分割畫面的功能，可以讓你一邊看著說明文件的同時，一邊輸入指令。如果你是使用 AWS 雲端服務平台的新手，推薦試試（pip install aws-shell）。

# 建立第一個網頁伺服器

在環境設定好之後，接下來我們終於要準備啟動第一個 EC2 實體了。啟動的方式很多種，但既然都已經安裝且設定好 awscli 工具了，那當然就要試試看用比較有效率的方式來管理基礎設施。這邊將會示範如何使用指令列介面來達成這件事情。

啟動一台虛擬伺服器需要事先準備一些資訊。我們要使用 `aws ec2 run-instances` 這道指令，但還需要提供指令下列資訊才行：

- Amazon 系統映像檔編號（An AMI ID）
- 實體類型（An instance type）
- 安全性群組（A security group）
- SSH 金鑰組（An SSH key-pair）

## AMI（Amazon 系統映像）

所謂的 **AMI（Amazon 系統映像，Amazon Machine Image）** 指的是將「根目錄檔案系統」（root file system）與「作業系統」（像是 Linux、Unix 或 Windows）以及「其他啟動系統所需的軟體」都打包在一起的套裝組合。想要尋找合適的 AMI，就要先使用 `aws ec2 describe-images` 指令。但照理來說，`describe-images` 指令會將所有公開可使用的 AMI 都列出來，而這底下現在有超過 3 百萬種選擇。而要從這個指令所提供的選項當中找到最好的，就要搭配其他篩選的參數，才能定位出我們真正想要的那個目標。在本範例中，我們會使用以下的篩選條件來選擇 AMI：

- 我們希望使用的 AMI 名稱叫做 Amazon Linux AMI，這個映像檔是 AWS 官方提供的 Linux 發行版本。Amazon 的 Linux 是 Redhat/CentOS 的發行版本，但內建一些可以與其他 AWS 雲端服務整合的額外套件包。你可以到 `http://amzn.to/2uFT13F` 了解 AWS 版本 Linux 的更多細節。

- 我們希望使用 x84_64 位元版本以符合預計使用的機器架構。

- 我們希望虛擬機器是屬於 HVM（硬體虛擬化，hardware virtual machine）的類型。這是目前最新且效能也最好的虛擬化技術類型。

- 選擇有 GP2（一般用途 SSD 磁碟，General Purpose SSD）支援的實體類型，就可以讓我們選擇使用最新世代的實體伺服器，而不是那些還掛載「實體儲存媒體」（instance store）的伺服器。這個選擇的用意是在於「將運行用的實體」與「儲存資料的伺服器」區隔開來。

此外，我們還要將指令的輸出以時間排序，這樣就能看到最新發佈出來的 AMI 映像檔是哪一個了：

```
$ aws ec2 describe-images --filters "Name=description,Values=Amazon Linux
AMI * x86_64 HVM GP2" --query 'Images[*].[CreationDate, Description,
ImageId]' --output text | sort -k 1 | tail
2017-01-26T14:04:52.000Z Amazon Linux AMI 2016.09.1.20161221 x86_64
HVM GP2 ami-6cb4477a
2017-03-02T21:35:49.000Z Amazon Linux AMI 2016.09.1.20161221 x86_64
HVM GP2 ami-1f70a809
2017-03-20T09:30:49.000Z Amazon Linux AMI 2017.03.rc-0.20170320 x86_64
HVM GP2 ami-5b94234d
2017-03-28T01:56:01.000Z Amazon Linux AMI 2017.03.rc-1.20170327 x86_64
HVM GP2 ami-a672ccb0
2017-04-02T05:53:05.000Z Amazon Linux AMI 2017.03.0.20170401 x86_64
HVM GP2 ami-22ce4934
2017-04-17T08:14:59.000Z Amazon Linux AMI 2017.03.0.20170417 x86_64
HVM GP2 ami-c58c1dd3
2017-04-25T20:53:03.000Z Amazon Linux AMI 2016.09.1.20161221 x86_64
IIVM GP2 ami-d8d64cce
2017-05-12T00:45:32.000Z Amazon Linux AMI 2017.03.0.20170417 x86_64
HVM GP2 ami-ab9aebbd
2017-06-17T21:56:53.000Z Amazon Linux AMI 2017.03.1.20170617 x86_64
HVM GP2 ami-643b1972
2017-06-23T23:35:49.000Z Amazon Linux AMI 2017.03.1.20170623 x86_64
HVM GP2 ami-a4c7edb2
```

由此可見，在本書寫成時最新的 AMI 映像檔編號是 `ami-a4c7edb2`。這個結果可能跟你執行這個指令時會看到的不同，因為 Amazon 在內的這類供應商，都會定期更新這些作業系統。

**aws cli --query 參數的使用**

在使用某些指令的時候可能會產生大量不斷的輸出結果。以前述的範例而言，如果我們只想要從中找到部分的資訊，那就可以透過在指令當中加上 `--qury` 參數，從而篩選出真正想要的資訊。參數的內容是採用 JMESPath 這個查詢語法的格式。

## 實體類型

在這個步驟將會選擇要用作虛擬伺服器的虛擬硬體類型。AWS 雲端服務平台在他們的說明文件 https://aws.amazon.com/ec2/instance-types/ 當中提供了一系列的大量選擇與其描述。

就目前而言，請直接選擇使用 t2.micro 這個免費提供的 AWS 實體類型就好。

## 安全性群組

安全性群組（security groups）的功用類似於防火牆。所有的 EC2 實體都會設定一套安全性群組。而每個安全性群組都包括了一套管理「允入」（inbound；**ingress**）以及／或是「允出」（outbound；**egress**）流量的規則。

作為練習，我們將使用 tcp/3000 埠建立一個小型的網頁應用服務。然後，我們想要使用 ssh 來存取這個實體，所以還要允許流量能夠通過 tcp/22 埠。請依照底下這些步驟來設定含有這些規則的簡易安全性群組：

1. 首先我們需要找出預設的 **VPC（虛擬私有雲，virtual private cloud）**編號是什麼。如果我們跳出雲端環境來看，就會發現所有的實體資源是由全體 AWS 客戶所共用的，因此更需要重視安全性。所以 AWS 將他們的虛擬基礎設施「使用虛擬私有雲的概念」進行區隔。你可以想像成是一種擁有各自網路的虛擬資料中心。而這些用於保護我們 EC2 實體的安全性群組，就是各自對應的子網路，而這些子網路會再各自對應到虛擬私有雲所提供的網路：

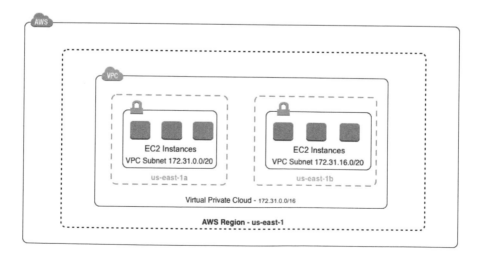

要找出我們的 VPC 編號，請執行以下的指令：

```
$ aws ec2 describe-vpcs
{
    "Vpcs": [
        {
            "VpcId": "vpc-4cddce2a",
            "InstanceTenancy": "default",
            "CidrBlockAssociationSet": [
                {
                    "AssociationId": "vpc-cidr-assoc-3c313154",
                    "CidrBlock": "172.31.0.0/16",
                    "CidrBlockState": {
                        "State": "associated"
                    }
                }
            ],
            "State": "available",
            "DhcpOptionsId": "dopt-c0be5fa6",
            "CidrBlock": "172.31.0.0/16",
            "IsDefault": true
        }
    ]
}
```

2. 現在我們已經知道 VPC 編號了（當然你的會有所不同），就可以開始進行新建立安全性群組的步驟，如下所示：

```
$ aws ec2 create-security-group \
    --group-name HelloWorld \
    --description "Hello World Demo" \
    --vpc-id vpc-4cddce2a
{
    "GroupId": "sg-01864b4c"
}
```

3. 安全性群組在預設上是允許所有從實體外流的流量。所以我們只需要再額外設定 ssh（tcp/22）與 tcp/3000 的允入流量規則就好，如下所示：

```
$ aws ec2 authorize-security-group-ingress \
    --group-name HelloWorld \
    --protocol tcp \
    --port 22 \
    --cidr 0.0.0.0/0
$ aws ec2 authorize-security-group-ingress \
    --group-name HelloWorld \
    --protocol tcp \
    --port 3000 \
    --cidr 0.0.0.0/0
```

4. 因為上述這兩則指令都不會給出什麼回應，所以我們還要用底下的指令來驗證一下
   方才的變更：

```
$ aws ec2 describe-security-groups \
    --group-names HelloWorld \
    --output text
SECURITYGROUPS    Hello World Demo   sg-01864b4c   HelloWorld
094507990803  vpc-4cddce2a
IPPERMISSIONS     22    tcp    22
IPRANGES          0.0.0.0/0
IPPERMISSIONS     3000  tcp    3000
IPRANGES          0.0.0.0/0
IPPERMISSIONSEGRESS      -1
IPRANGES          0.0.0.0/0
```

一切如同預期，我們成功開啟了對應通訊埠的流量規則。如果你知道該如何找出對外網路 IP，可以進一步在 ssh 的規則上把 0.0.0.0/0 取代為 < 你的對外網路 IP>/32，這樣就只有你才可以用 ssh 登入 EC2 實體了。

### aws cli --output 參數的使用

預設上大多數指令的輸出都會以 JSON 格式呈現。對於機器處理來說 JSON 這類結構化的訊息非常適合，但對人眼直接判讀有時就比較麻煩了。所以 AWS 提供了一些可選的參數供你調整。你可以在本章節的內容中看到些微蹤跡，第一個會看到的參數就是 --output [json | text | table]：

# 產生 ssh 金鑰

Amazon 的 EC2 服務在預設上會要求你以 ssh 金鑰組來使用 ssh 機制登入 EC2 實體。而這個金鑰組可以是從 EC2 實體產生後，再下載私鑰（private key）使用；也可以是自己使用如 OpenSSL 這類的第三方工具產生後，再將公鑰（public key）上傳到 EC2 實體註冊。我們在這邊採用第一種方式。

然後記得確認把新產生的私鑰設定為唯讀權限：

```
$ aws ec2 create-key-pair --key-name EffectiveDevOpsAWS --query
'KeyMaterial' --output text > ~/.ssh/EffectiveDevOpsAWS.pem
$ aws ec2 describe-key-pairs --key-name EffectiveDevOpsAWS
{
    "KeyPairs": [
        {
            "KeyName": "EffectiveDevOpsAWS",
            "KeyFingerprint": "27:83:5d:9b:4c:88:f6:15:c7:39:df:23:4f:29:2
1:3b:3d:49:e6:af"
        }
    ]
}
$ cat ~/.ssh/EffectiveDevOpsAWS.pem
-----BEGIN RSA PRIVATE KEY-----
MIIEpAIBAAKCAQEAiZLtUMnO2OKnHvTJOiIP26fThdsU0YRdlKI60in85x9aFZXSrZsKwOh
WPpMtnUMJKeGvVQut+gJ1I1PNNjPqS2Dy60jH55hntUhr/ArpaL2ISDX4BgRAP1jcukBqS6
+pL+mTp6OUNTToUt7LvAZoeo+10SYbzHF1ZMQLLs96fCMNvnbJdUCa904dJjJs7t/G2ou9R
iNMRx8midrWcmmuGKOb1s6FgrxJ5OAMYegeccFVfGOjqPk3f+6QTPOTMNgNQ8ANKOMA9Ytc
Ica/75QGUPifusTqUT4Fqtv3rbUYPvacAnYL9eCthtn1XMG7Oo/mR5MrU60wib2QcPipmrG
NbwTDAQABAoIBABSyqkmxUxGGaCZcJbo9Ta16fnRxFZzAEWQ/VCIydv4+1UrSE7RS0zdavT
8E3aP/Ze2LKtncu/wVSpJaFVHGVcWpfGKxvIG3iELZ9oUhDyTW/x3+IKanFRNyxyKudk+Uy
huPRMu/7JhksV9mbbiILkfiPzSMSzpjB4p1hEkypfbvBnrbB+sRycx+jK5l209rNDukkJVv
yFCnqPiH0wmvKRqHTNOMGWmmM6CPOU+VpuMX+dIlrSeId7j6hqMjA0rGncnxYi035v2zicvI
sEKHZ9MZCnkiRb3kJ9PhueTwwUQmoBYfV5E+1Wu34UmdsmALQEX3xniaR6xf9iWhQ2Nh8La
ECgYEAzXHOZDPAUzXitO735KBUaiBp9NMv2gzE862Yf2rmDkFM4Y5RE3DKHrKfeOkrYqlG1
1On0m44GHBk/g4eqqIEaBjVp6i/Lk74tpQU6Kn1HT3w9lbXEFsCWjYZnev5oHP6PdedtRYN
zZsCSNUdlw0kOG5WZZJ4E7mPZyrvK5pq+rMCgYEAq22KT0nD3d59V+LVVZfMzJuUBDeJeD1
39mmVbzAq9u5Hr4MkurmcIj8Q6jJIQaiC8XC1gBVEl08ZN2oY1+CBE+Gesi7mGOQ2ovDmoT
fYRgScKKHv7WwR+N5/N7o26x+ZaoeaBe43Vjp6twaTpKkBOIuT50tvb25v9+UVMpGKcFUC
gYEAoOFjJ3KjREYpT1jnROEM2cKiVrdefJmNTel+RyF2IGmgg+1Hrjqf/OQSH8QwVmWK9So
sfIwVX4X8gDqcZzDS1JXGEjIB7IipGYj1ysP1D74myTF93u/16qD89H8LD0xjBTSo6lrn2j
9tzY0eS+Bdodc9zvKhF4kzNC4Z9wJIjiMCgYAOtqstXP5zt5n4hh6bZxkL4rqUlhO1f0khn
DRYQ8EcSp1agh4P7Mhq5BDWmRQ8lnMOuAbMBIdLmV1ntTKGrN1HUJEnaAEV19icqaKR6dIl
SFYC4stODH2KZ8ZxiQkXqzGmxBbDNYwIWaKYvPbFJkBVkx1Rt9bLsKXpl/72xSkltQKBgQC
YEjUVp4dPzZL1CFryOwV72PMMX3FjOflTgAWr8TJBq/OLujzgwYsTy6cdD3AqnMQ2BlU7Gk
4mmDZCVVsMqHFbIHEa5Y4e5qIQhamedl3IgmnMpdyuDYaT/Uh4tw0JxIJabqm+sQZv4s1Ot
gh00JlGrgFs+0D39Fy8qszqr6J04w==
-----END RSA PRIVATE KEY-----
$ chmod 400 ~/.ssh/EffectiveDevOpsAWS.pem
```

# 啟動 EC2 實體

現在我們手頭上已經擁有足夠的資訊來啟動 EC2 實體了，請依照如下的指令進行啟動：

```
$ aws ec2 run-instances \
--instance-type t2.micro \
--key-name EffectiveDevOpsAWS \
--security-group-ids sg-01864b4c \
--image-id ami-cfe4b2b0
{
    "Instances": [
        {
            "Monitoring": {
                "State": "disabled"
            },
            "PublicDnsName": "",
            "StateReason": {
                "Message": "pending",
                "Code": "pending"
            },
            "State": {
                "Code": 0,
                "Name": "pending"
            },
            "EbsOptimized": false,
            "LaunchTime": "2018-08-08T06:38:43.000Z",
            "PrivateIpAddress": "172.31.22.52",
            "ProductCodes": [],
            "VpcId": "vpc-4cddce2a",
            "CpuOptions": {
                "CoreCount": 1,
                "ThreadsPerCore": 1
            },
            "StateTransitionReason": "",
            "InstanceId": "i-057e8deb1a4c3f35d",
            "ImageId": "ami-cfe4b2b0",
            "PrivateDnsName": "ip-172-31-22-52.ec2.internal",
            "KeyName": "EffectiveDevOpsAWS",
            "SecurityGroups": [
                {
                    "GroupName": "HelloWorld",
                    "GroupId": "sg-01864b4c"
                }
            ],
            "ClientToken": "",
            "SubnetId": "subnet-6fdd7927",
            "InstanceType": "t2.micro",
            "NetworkInterfaces": [
```

```
{
    "Status": "in-use",
    "MacAddress": "0a:d0:b9:db:7b:38",
    "SourceDestCheck": true,
    "VpcId": "vpc-4cddce2a",
    "Description": "",
    "NetworkInterfaceId": "eni-001aaa6b5c7f92b9f",
    "PrivateIpAddresses": [
        {
            "PrivateDnsName": "ip-172-31-22-52.ec2.
            internal",
            "Primary": true,
            "PrivateIpAddress": "172.31.22.52"
        }
    ],
    "PrivateDnsName": "ip-172-31-22-52.ec2.internal",
    "Attachment": {
        "Status": "attaching",
        "DeviceIndex": 0,
        "DeleteOnTermination": true,
        "AttachmentId": "eni-attach-0428b549373b9f864",
        "AttachTime": "2018-08-08T06:38:43.000Z"
    },
    "Groups": [
        {
            "GroupName": "HelloWorld",
            "GroupId": "sg-01864b4c"
        }
    ],
    "Ipv6Addresses": [],
    "OwnerId": "094507990803",
    "SubnetId": "subnet-6fdd7927",
    "PrivateIpAddress": "172.31.22.52"
}
],
"SourceDestCheck": true,
"Placement": {
    "Tenancy": "default",
    "GroupName": "",
    "AvailabilityZone": "us-east-1c"
},
"Hypervisor": "xen",
"BlockDeviceMappings": [],
"Architecture": "x86_64",
"RootDeviceType": "ebs",
"RootDeviceName": "/dev/xvda",
"VirtualizationType": "hvm",
"AmiLaunchIndex": 0
```

```
        }
    ],
    "ReservationId": "r-09a637b7a3be11d8b",
    "Groups": [],
    "OwnerId": "094507990803"
}
```

你還可以隨時查看實體建立的過程狀態。要查看狀態的話，首先你需要從上述 aws ec2 run-instances 指令的輸出內容當中找出實體的 id 編號，然後執行底下這行指令：

```
$ aws ec2 describe-instance-status --instance-ids i-057e8deb1a4c3f35d
{
    "InstanceStatuses": [
        {
            "InstanceId": "i-057e8deb1a4c3f35d",
            "InstanceState": {
                "Code": 16,
                "Name": "running"
            },
            "AvailabilityZone": "us-east-1c",
            "SystemStatus": {
                "Status": "initializing",
                "Details": [
                    {
                        "Status": "initializing",
                        "Name": "reachability"
                    }
                ]
            },
            "InstanceStatus": {
                "Status": "initializing",
                "Details": [
                    {
                        "Status": "initializing",
                        "Name": "reachability"
                    }
                ]
            }
        }
    ]
}
```

一旦在 SystemStatus 的狀態值從 initializing 轉換為 ok 之後，就代表實體的啟動已經完成：

```
$ aws ec2 describe-instance-status --instance-ids i-057e8deb1a4c3f35d
--output text| grep -i SystemStatus


SYSTEMSTATUS ok
```

# 使用 ssh 連線到 EC2 實體

本章節主要的學習目標，就是建立一個簡易的 Hello Wolrd 網頁應用服務。而既然我們一開始採用的是一個乾淨的作業系統映像檔，因此就需要先連線到伺服器上，設定一些必要的變更，才能將伺服器作為網頁伺服器來使用。而為了使用 ssh 連線到 EC2 實體，首先就需要找出這台運行中實體的 DNS 名稱，指令如下所示：

```
$ aws ec2 describe-instances \
    --instance-ids i-057e8deb1a4c3f35d \
    --query "Reservations[*].Instances[*].PublicDnsName"
[
    [
        "ec2-34-201-101-26.compute-1.amazonaws.com"
    ]
]
```

現在我們手上就湊齊「實體伺服器的公開 DNS 名稱」以及「可以用於 ssh 登入機制的私鑰」了。最後一件需要知道的資訊，是我們在選擇 AMI 映像檔以建立 Amazon Linux 時，作業系統預設的使用者帳號叫做 ec2-user：

```
$ ssh -i ~/.ssh/EffectiveDevOpsAWS.pem ec2-user@ec2-34-201-101-26.compute-1.
amazonaws.com

The authenticity of host 'ec2-34-201-101-26.compute-1.amazonaws.com
(172.31.22.52)' can't be established.

ECDSA key fingerprint is SHA256:V4kdXmwb5ckyU3hw/
E7wkWqbnzX5DQR5zwP1xJXezPU.

ECDSA key fingerprint is MD5:25:49:46:75:85:f1:9d:f5:c0:44:f2:31:cd:e7:55:
9f.
```

```
Are you sure you want to continue connecting (yes/no)? yes
Warning: Permanently added 'ec2-34-201-101-26.compute-1.amazonaws.
com,172.31.22.52' (ECDSA) to the list of known hosts.

   __|  __|_  )
   _|  (     /   Amazon Linux AMI
  ___|\___|___|

https://aws.amazon.com/amazon-linux-ami/2018.03-release-notes/

1 package(s) needed for security, out of 2 available

Run "sudo yum update" to apply all updates.
[ec2-user@ip-172-31-22-52 ~]$
```

如果你在登入時遇到任何問題，就在 ssh 指令的後面加上 -vvv 參數進行除錯。

# 開發一個簡單的 Hello World 網頁應用服務

現在我們已經登入 EC2 實體了，就可以來著手後續的準備工作。在本書內容中，我們主要著眼於科技公司最常使用 AWS 雲端服務平台的情境：也就是部署應用服務。在會使用到的程式語言方面，我們會採用過去數年來在 GitHub 上蔚為主流的 JavaScript 語言。而且，這類程式語言更適合用來展示「如何以 AWS 雲端服務平台的各項功能」支援 DevOps 文化的實作。但操作 JavaScript 程式語言的各項基礎知識則不在本書的範疇當中（下圖為「隨時間軸線在 GitHub.com 上發展的程式語言數量排行」）：

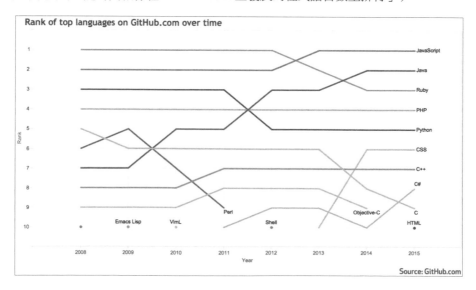

在 JavaScript 程式語言中，與本書訴求內容相符的數項優勢如下所列：

- 易懂、易寫，對新手也一樣容易入門。
- 不需要經過編譯這道手續。
- 透過 node.js（https://nodejs.org）的輔助也可以用於伺服器端程式。
- 擁有 AWS 雲端服務平台的官方支援，因此提供給 JavaScript 語言的 AWS SDK 版本同樣也擁有「最完善的關愛」。

本章接下來的所有內容，全部指令與程式碼皆是在「以 ssh 機制登入 EC2 實體之後」的環境上面操作。

## 安裝 node.js

我們第一件要準備的事情就是安裝 node.js。由於 Amazon 的 Linux 是基於 **Red Hat Enterprise Linux（RHEL）** 的版本，因此會使用 Yum 工具來管理與安裝套件包。而這個版本的作業系統已有內建 **Extra Packages for Enterprise Linux（EPEL）** 套件包，因此如我們所料，node.js 已經在內：

```
[ec2-user@ip-172-31-22-52 ~]$ sudo yum install --enablerepo=epel -y nodejs
[ec2-user@ip-172-31-22-52 ~]$ node -v
v0.10.48
```

雖然這是個很舊的 node 版本了，但足以應付我們所需。

## 執行 node.js 版本的 Hello World

現在已經確認 node 環境的安裝，我們就可以寫一個簡單的 Hello World 應用服務，底下是這則範例的程式碼：

```
var http = require("http") http.createServer(function (request, response) {
// Send the HTTP header
// HTTP Status: 200 : OK
// Content Type: text/plain
response.writeHead(200, {'Content-Type': 'text/plain'})
// Send the response body as "Hello World"
response.end('Hello World\n')
}).listen(3000)
// Console will print the message
console.log('Server running')
```

請將上述內容隨便複製到一個檔案當中，或是如果你想要節省時間，也可以從 GitHub 上面下載這份檔案：

```
[ec2-user@ip-172-31-22-52 ~]$ wget https://raw.githubusercontent.com/
yogeshraheja/Effective-DevOps-with-AWS/master/Chapter02/helloworld.js -O /
home/ec2-user/helloworld.js
--2018-08-19 13:06:42--
https://raw.githubusercontent.com/yogeshraheja/Effective-DevOps-with-AWS/
master/Chapter02/helloworld.js
Resolving raw.githubusercontent.com (raw.githubusercontent.
com)...151.101.200.133
Connecting to raw.githubusercontent.com (raw.githubusercontent.
com)|151.101.200.133|:443... connected.
HTTP request sent, awaiting response... 200 OK
Length: 384 [text/plain]
Saving to: '/home/ec2-user/helloworld.js'

/home/ec2-user/helloworld.js
100%[=====================================================================
================>] 384 --.-KB/s in 0s

2018-08-19 13:06:42 (37.9 MB/s) - '/home/ec2-user/helloworld.js' saved
[384/384]

[ec2-user@ip-172-31-22-52 ~]$
```

之後要運行 Hello World 應用服務的話，就直接執行下面這行指令就好：

```
[ec2-user@ip-172-31-22-52 ~]$ node helloworld.js
Server running
```

要是一切順利，你就可以打開瀏覽器，然後輸入 http://< 實體的公開 dns 名稱 >:3000。以我這邊的範例來說，就是輸入 http://ec2-34-201-101-26.compute-1. amazonaws.com:3000 或 http://ec2-54-88-134-38.compute-1.amazonaws. com:3000。

要停止 helloworld 網頁應用服務運作時，就直接在終端機畫面視窗按下「Ctrl + C」就可以了。

# 使用 upstart 將程式轉換為系統服務

因為我們是從終端機畫面上手動啟動這項 node 應用服務的，因此只要斷開 ssh 連線，或是在鍵盤上按下「Ctrl + C」，就會將 node 程序終止，隨之 Hello World 應用服務也就會被下架了。跟其他以 Red Hat 為主的標準發行版本不同，Amazon 版本 Linux 有提供一項稱作 **upstart** 的系統。

這個子系統提供了一些「在傳統 System-V 的開機啟動檔（bootup scripts）中」沒有的額外好用功能，像是可以把因意外終止的程序重新喚起。要新增一則 upstart 設定檔，要在 EC2 實體底下的 /etc/init 裡面新增一個檔案。

底下是需要寫到 /etc/init/helloworld.conf 當中的內容：

```
description "Hello world Deamon"

# Start when the system is ready to do networking.
start on started elastic-network-interfaces

# Stop when the system is on its way down.
stop on shutdown

respawn
script
exec su --session-command="/usr/bin/node /home/ec2-user/helloworld.js"
ec2-user
end script
```

> **為什麼要在 elastic-network-interface 之後才啟動？**
>
>
>
> 如果你曾經在 AWS 雲端服務平台之外的地方用過 upstart，應該對 start on runlevel [345] 這類語法不陌生。問題是在 AWS 雲端服務平台中，你的網路是由**彈性網路界面（ENI，Elastic Network Interface）**所提供的，因此如果你在此服務啟用之前就啟動了應用服務，可能就無法正常連線到網際網路上了。

```
[ec2-user@ip-172-31-22-52 ~]$
sudo wget
https://raw.githubusercontent.com/yogeshraheja/Effective-DevOps-with-AWS/
master/Chapter02/helloworld.conf -O /etc/init/helloworld.conf
--2018-08-19 13:09:39--
https://raw.githubusercontent.com/yogeshraheja/Effective-DevOps-with-AWS/
master/Chapter02/helloworld.conf
Resolving raw.githubusercontent.com (raw.githubusercontent.
com)...151.101.200.133
Connecting to raw.githubusercontent.com
(raw.githubusercontent.com)|151.101.200.133|:443... connected.
HTTP request sent, awaiting response... 200 OK
Length: 301 [text/plain]
Saving to: '/etc/init/helloworld.conf'

/etc/init/helloworld.conf
100%[=======================================================================
================>] 301 --.-KB/s in 0s

2018-08-19 13:09:39 (54.0 MB/s) - '/etc/init/helloworld.conf'  saved
[301/301]

[ec2-user@ip-172-31-22-52 ~]$
```

現在就能用更簡單的方式啟動應用服務了，如下所示：

```
[ec2-user@ip-172-31-22-52 ~]$ sudo start helloworld
helloworld start/running, process 2872
[ec2-user@ip-172-31-22-52 ~]$
```

就如同我們想要的，現在即使關閉 ssh 連線，還是可以看到 http://< 實體的公開 dns 名稱 >:3000 的網頁了。

# 停止 EC2 實體運作

本章節的練習範例如其他書上的 helloworld 範例一樣，一切只到畫面上出現 **Hello Wolrd** 訊息為止。因此接下來要思考的，就是該如何關閉我們這台伺服器了。既然 AWS 雲端服務平台的精神就是「有使用才有付費」，因此只在必要的時候才使用這些伺服器資源，最高原則是讓你在 AWS 上花費的成本最精簡化。

我們可以利用 stop 指令將 Hello World 服務停止，然後離開虛擬機器伺服器，關閉這台 EC2 實體，流程如下：

```
[ec2-user@ip-172-31-22-52 ~]$ sudo stop helloworld
helloworld stop/waiting
[ec2-user@ip-172-31-22-52 ~]$ ec2-metadata --instance-id
instance-id: i-057e8deb1a4c3f35d
[ec2-user@ip-172-31-22-52 ~]$ exit
logout
$ aws ec2 terminate-instances --instance-ids i-057e8deb1a4c3f35d
{
    "TerminatingInstances": [
        {
            "InstanceId": "i-057e8deb1a4c3f35d",
            "CurrentState": {
                "Code": 32,
                "Name": "shutting-down"
            },
            "PreviousState": {
                "Code": 16,
                "Name": "running"
            }
        }
    ]
}
```

# 小結

這個章節簡單地快速介紹了「AWS 雲端服務平台」以及「最常被使用到的 EC2 服務項目」。在 AWS 雲端服務平台註冊帳號之後，我們先是設定好了環境，以便透過指令列介面建立一台虛擬伺服器。為了建立虛擬伺服器，就要先挑選適合的 AMI 映像檔、新增第一個安全性群組，然後產生屬於我們自己的 ssh 金鑰，而這個金鑰將會伴隨我們度過整本書。在啟動 EC2 實體之後，我們便手動部署了一個簡單的 node.js 應用服務，把 **Hello World** 訊息顯示出來。

雖然拜 AWS 的 CLI 指令列介面工具所賜，這個過程不算太複雜，但過程中仍舊有一些會讓人不想再重複操作的步驟。此外，我們也還沒用自動化的方式部署應用服務，也沒有進行品管驗證。加上目前驗證應用服務是否正常運作的方式，只能直接手動連進伺服器確認。所以在本書接下來的內容中，我們將會重新思考「建立與管理基礎設施以及網頁應用服務」的方式，而且這一次，將要遵循 DevOps 的原則並實踐最佳實務。

在「第 3 章，基礎設施程式化」當中，將著手處理上述第一個議題：如何以自動化的方式管理基礎設施。而我們將會以開發程式的方式，管理這些基礎設施。

# 課後複習

請回答以下問題：

1. 要如何申請一個免費的 AWS 雲端服務平台帳號？

2. 要如何透過 AWS 的管理主控台介面，建立第一個 AWS 雲端運算實體？

3. 要如何透過 AWS 的指令列介面功能，建立第一個 AWS 雲端運算實體？

4. 要如何將 Hello World 網頁應用服務部署在「新建立好的 AWS 雲端運算實體」上？

5. 要如何在完成練習後將 AWS 雲端運算實體下架？

# 延伸閱讀

更多關於 AWS 雲端服務平台與 AWS 指令列介面的資訊請參考：

- AWS 免費服務項目：https://aws.amazon.com/free/

- AWS 指令列介面：https://aws.amazon.com/cli/

# 3

# 基礎設施程式化

我們在前一章中已經初步摸索過 AWS 雲端服務平台了,而且還建立了一個 EC2 實體,並部署了一個 HelloWorld 網頁應用服務。但回頭看這個過程,過程中需要經過一連串對實體以及安全性群組的設定才能夠完成。而且這些步驟的操作都是以手動方式在指令列介面(command-line interface)上完成的,因此無法重複利用這些操作或是重新編排操作的步驟,而這正是我們在第 1 章談及 DevOps 最佳實務要解決的目標之一。解決此問題的兩個關鍵:應該要將所有細節納入原始碼管控(source control;version control),並且盡可能地將一切自動化。所以在本章節中,我們會說明如何在 EC2 實體上引入這兩項原則。

由於雲端環境的所有事物都是透過虛擬化的資源作為媒介,以一種抽象的方式提供給我們,因此同樣也可以利用程式來描述網路拓樸(topology)與系統設定。要實踐這種方法,就要先了解在高效 DevOps 實務開發中的兩個重要觀念。第一個觀念我們通常稱為**「基礎設施程式化」(IAC,Infrastructure as Code)**。這是一個將「虛擬伺服器、負載平衡器、網路層等等的虛擬資源」轉換為可描述檔的過程。第二個觀念與 IAC 很像,但進一步納入系統設定稱為**「組態管理」(Configuration Management)**。透過組態管理系統,開發者與系統管理員便可以將「作業系統的設定、套件包的安裝,甚至應用服務的部署等過程」都自動化。

對那些有意引進 DevOps 的單位而言，要做出這個改變是不容易的一步。但只要能用程式碼描述這些各自不同的資源與設定內容，就可以沿用在開發應用服務時的同一套工具與流程。而且納入原始碼管控機制的話，就可以在分支版本庫（branches）中進行小幅變更、同步單位之間的工作，以及納入審核流程機制，還可以在上線到正式環境前進行測試。拜此所賜，我們可以不用隨資源規模的擴展增加管理所需的工程師，也不用再花費一堆時間來維運這些資源。這將成為通往自動化的敲門磚，而且對我們在「第 4 章，持續整合與持續部署」要談到的持續部署機制也有幫助。本書第 3 章的內容將會介紹以下內容：

- 利用 CloudFormation 管理基礎設施
- 建立組態管理系統

# 利用 CloudFormation 管理基礎設施

CloudFormation 提供了我們一種新的方式管理「服務」以及「對服務的設定」。只要透過 JSON 或 YAML 格式的檔案，就可以利用 CloudFormation 組建出與描述檔相符的 AWS 架構。一旦準備好這些檔案後，就可以上傳到 CloudFormation 執行這些檔案，自動建立或更新你的 AWS 雲端資源。大部分「AWS 受管的工具與服務」（AWS-managed tools and services）都有支援這項功能，也可以到 http://amzn.to/1Odslix 確認完整的支援清單。在本章節中，我們只會用於目前為止所展示的基礎設施上，但在後續的章節中將會看到更多的應用。為了對 CloudFormation 的運作原理做個簡介，我們會先建立一個最小型的資源堆疊（stack），然後重新部署「第 2 章，部署第一個網頁應用服務」當中的 Hello Wolrd 網頁應用服務。之後會介紹另外兩種建立 CloudFormation 模板（template）的方法：一個是可以透過網頁圖像介面（Web GUI）以視覺化方式編輯模板的 Designer 規劃工具；另外一種則是 CloudFormer，可以從「既存基礎設施中」產生模板的工具。

## 開始使用 CloudFormation

要使用 CloudFormation 服務項目也有兩種方法，透過 AWS 管理主控台（https://console.was.amazon.com/cloudformation）或是透過指令列環境：

```
# 列出所有可用的參數
$ aws cloudformation help
```

這個功能的管理單位是以堆疊計的,每個堆疊其實就是代表「一整組用來運行應用服務的 AWS 雲端資源」以及「這些資源的設定檔」。在使用 CloudFormation 的過程中,大多數時間都會耗在編輯描述這些堆疊的模板。要開始編輯這些模板也有幾種不同的方式。其中一種最直接的方式就是編輯既存的模板檔。AWS 雲端服務平台在 http://amzn.to/27cHmrb 上有提供一系列已經寫好的範本。

在模板檔最上層的結構如下所示:

```
{
    "AWSTemplateFormatVersion" : "< 使用的格式版本日期 >",
    "Description" : "< 對此模板檔的說明 >",
    "Resources" : { },
    "Parameters" : { },
    "Mappings" : { },
    "Conditions" : { },
    "Metadata" : { },
    "Outputs" : { }
}
```

其中 AWSTemplateFormatVersion 這個欄位的值目前固定都是填入「2010-09-09」,代表模板檔所使用的格式語言版本。而在 Description 這個欄位則是讓你可以簡短說明模板檔的內容或功用。Resources 的部份則是用來描述要啟動哪些 AWS 服務項目以及這些項目的設定。假如你想要透過 SSH 連線到 EC2 實體,還可以在啟動模板時把 ssh 金鑰組這類額外的資訊,放入 Parameters 欄位提供給 CloudFormation。至於如果要建立更為通用的模板檔時,則可以利用 Mappings 欄位的功能。

舉例來說,你可以指定每個地理區域要採用的 **AMI 映像檔**類型(Amazon Machine Image;AMI),這樣只要使用同一個模板檔,便可以啟動所有 AWS 地理區域的應用服務。Conditions 這個欄位則是提供你對其他欄位內容的「邏輯條件限制」(利用 if 語法與邏輯運算子等等的方式)。在 Metadata 這個欄位則是可以針對資源寫入更細節的一些資訊。最後,Outputs 欄位則可以讓你「從執行模板的過程中」擷取一些有用的資訊,像是 EC2 伺服器的 IP 位址等等。除了 AWS 提供的模板範本之外,也有一些與 CloudFormation 有關的工具與服務項目可以幫助你建立模板。第一個可以利用在模板建立的工具就是 CloudFormation Designer。

# AWS 的 CloudFormation Designer 規劃工具

AWS 的 CloudFormation Designer 規劃工具是可以透過圖像使用者介面，建立並編輯 CloudFormation 模板的工具。使用 Designer 就可以大幅省去「在純文字編輯器下」編輯 CloudFormation 模板檔的複雜度。你可以直接從 `https://console.aws.amazon.com/cloudformation/designer` 進入，或是從 CloudFormation 的控制面板（dashboard）點擊 **Create Stack（創建堆疊）** 進入。

使用的方式非常簡單。只要用拖拉的方式，從左側選單中把資源拉到畫面上就好。

一旦加入資源圖樣之後，就可以利用資源圖樣四周的小錨點跟其他的資源連接起來。比方說，在上圖範例中，我們對一台 EC2 實體添加一個安全性群組。在這當中還有很多功能可以幫助你設計模板，等著你來發掘。比方說，可以對資源圖樣點擊滑鼠右鍵，然後直接查看這個 CloudFormation 資源的說明文件，如同下圖所示：

而用拖拉的方式，把兩個資源圖樣之間的錨點要連接起來時，Designer 的畫面上也會用著色的方式，標示出這條連結適用的目標資源有哪些。而在 Designer 下方的編輯器畫面也有支援以「Ctrl + 空白鍵」就可以呼叫出來的「自動完成功能」：

```
49      },
50 ◂    "EC2IPT00": {
51        "Type": "AWS::EC2::Instance",
52        "Properties": {},
53 ◂      "Metadata": {    Affinity
54 ◂        "AWS::CloudF( AvailabilityZone
55          "id": "8a2(  BlockDeviceMappings
56        }               DisableApiTermination
57      }                 EbsOptimized
58      },                HostId
59 ◂    "EC2CG40BPL": {   IamInstanceProfile
                          ImageId
 Components   Template
```

一旦你完成模板之後，只要按個按鈕就能離開設計模式，直接讓你的堆疊上線啟動了。下一個我們要介紹的工具是 **CloudFormer**。

# CloudFormer

CloudFormer 是可以讓你「從既存的資源中」產生 CloudFormation 模板檔的工具。如果你先前遵循本書內容已經手動建立過一組資源的話，就可以使用 CloudFormer 把這些資源全都納入一個新的 CloudFormation 模板檔中。接下來還可以進一步用純文字編輯器或是 CloudFormation Designer 來對 CloudFormer 產生的模板檔進行自訂，根據你的需求修改。但跟大多數「AWS 雲端服務平台的工具與服務」不同，CloudFormer 不屬於 AWS 全受管類型的服務，這是一個你在使用 CloudFormation 時可以另外自行啟用的工具。要使用 CloudFormer 的話，請依照如下步驟進行：

1. 從瀏覽器開啟 https://console.aws.amazon.com/cloudformation 頁面。

2. 查看 AWS 管理主控台頁面下方，選擇 **Create a Template from your Existing Resources**（**從既存資源建立模板**）選項，然後點擊 **Launch CloudFormer**（**啟動 CloudFormer**）按鈕。

3. 從 **Select a sample template**（**選擇一個範例模板**）下拉式選單中，選擇 **CloudFormer** 然後點擊 **Next**（**下一步**）。

4. 畫面最上方，可以替這個堆疊指定一個名稱（或是直接使用預設的 AWSCloudFormer 名稱就好）。然後在下方則是會要求你輸入三項額外的資訊，也就是 CloudFormer 的**使用者名稱**、**密碼**與 **VPC**。使用者名稱與密碼在稍後登入 CloudFormer 時會用到。決定好使用者名稱與密碼之後，選擇使用 **Default VPC**（**預設的 VPC**），點擊 **Next**（**下一步**）。

5. 在下一個畫面，你可以在這邊「輸入更多標籤訊息」以及「設定更多的進階選項」，但通常這邊會保持原樣直接點擊 **Next**（**下一步**）。

6. 接著我們會來到確認頁面，這邊要勾選一個確認方塊，告訴你接下來的步驟「會使用 AWS 的 CloudFormation 建立出 IAM 資源」。然後點擊 **Create**（**創建**）。

7. 最後會回到 CloudFormation 主控台的主畫面，這時就會看到 AWS 的 CloudFormer 堆疊已經開始準備了。一旦 **Status**（**狀態**）從 **CREATE_IN_PROGRESS** 轉換到 **CREATE_COMPLETE** 就可以選擇這個堆疊，然後點擊下方的 **Output**（**輸出**）頁籤。這時候，你就完成「要開始用 CloudFormer 建立所需資源」的準備了。而要使用 CloudFormer 來建立堆疊，再依照下列步驟進行：在 **Output**（**輸出**）頁籤中（會在 CloudFormation 主畫面下出現一個輸出欄位）點擊當中出現的網址，這會開啟 CloudFormer 工具的畫面。使用先前建立 CloudFormer 堆疊時設定的使用者名稱與密碼登入。

8. 選擇你想要用來建立模板的 AWS 地理區域，然後點擊 **Create Template**（**建立模板**）按鈕。接著會看到如下畫面：

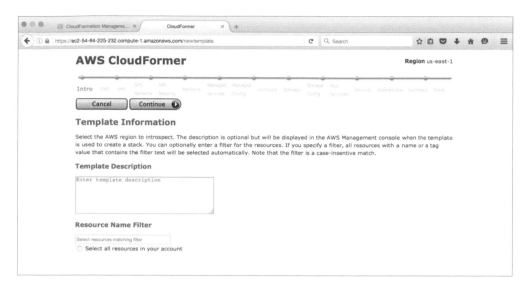

9. 請依照工具畫面上的提示訊息，選擇你想要用來建立出 CloudFormation 模板的資源，然後繼續進行到最後一步。

10. 最後你就可以下載產生好的模板檔，或是保存在 S3 物件儲存服務上面。

透過 CloudFormer 產生出的 CloudFormation 模板通常還要再另外做一點修改，像是增加「可透過輸入參數進行設定」的彈性，以及「在 **Outputs** 欄位印出一些輸出的資訊」。

# 用 CloudFormation 讓 helloworld 範例變身

在你設計基礎設施架構的過程，以及在試圖「套用原始碼管控到既有設計架構上」時，Designer 與 CloudFormer 是兩樣非常有幫助的工具。但是當你要引進 DevOps 文化時，又是另外一回事了。因為使用這些工具，就等於白白浪費了 CloudFormation 提供 JSON 格式的用意與價值。如果你曾經試著把下載的模板範本打開來看，或是試著用 CloudFormer 轉換「既有的基礎設施」為模板檔的話，應該就會注意到，原始的 CloudFormation 模板格式真是又臭又長，而且這樣很難不違反「不二作的原則」（**DRY，Don't Repeat Yourself，高可重複使用度，又稱為「一次且僅一次」**）。

所以從 DevOps 的觀點來看，CloudFormation 真正強大的功能之一是「可以用程式化的方式，動態產生出這些模板」。為了說明此點，我們會使用 Python 程式語言以及叫做 troposphere 的函式庫（library），來產生出 Hello World 版本的 CloudFormation 模板。

還有一些更進階的工具可以幫助你建立 CloudFormation 模板。如果你想要使用 AWS 雲端服務平台之外的第三方服務功能，可以參考看看由 Hashicorp 提供的 Terraform（https://www.terraform.io）。你可以利用他們的服務來管理其他雲端供應商的服務，包括 CloudFormation 在內。

# 使用 troposphere 建立一個 Python 語法的模板指令檔

首先第一件要做的事情就是安裝 troposphere 函式庫：

```
$ pip install troposphere
```

在安裝 Troposphere 時常見的可能狀況是遇到 setuptools 的版本升級問題。遇到這個問題時，請使用 pip install -U setuptools 指令將 setuptools 升級。

當你執行前述指令時，可能會遇到如下錯誤訊息：

```
....
setuptools_scm.version.SetuptoolsOutdatedWarning: your setuptools is too
old (<12)
-----------------------------------
Command "python setup.py egg_info" failed with error code 1 in /tmp/
pipinstall-pW4aV4/cfn-flip/
```

要修正這項錯誤障礙，請執行如下指令：

```
$ pip install -U setuptools

Collecting setuptools
    Downloading
https://files.pythonhosted.org/packages/ff/f4/385715ccc461885f3cedf57a41ae
3c12b5fec3f35cce4c8706b1a112a133/setuptools-40.0.0-py2.py3-none-any.whl
(567kB)
      100% |████████████████████████████████| 
573kB
22.2MB/s
Installing collected packages: setuptools
    Found existing installation: setuptools 0.9.8
      Uninstalling setuptools-0.9.8:
        Successfully uninstalled setuptools-0.9.8
Successfully installed setuptools-40.0.0
```

等安裝完成之後，就可以先新增一個檔案，我們把檔案名稱取為 helloworld-cf-
template.py。

在檔案的一開始，我們先從 troposphere 模組當中引用一些定義檔如下：

```
"""Generating CloudFormation template."""

from troposphere import (
    Base64,
    ec2,
    GetAtt,
    Join,
    Output,
    Parameter,
    Ref,
    Template,
)
```

接下來我們先定義一個變數（variable），這能讓我們在本書的過程當中「要編輯這份程式時」比較輕鬆，而且在之後還要使用一開始的這份模板，繼續產生新的指令檔：

```
ApplicationPort = "3000"
```

從整段程式的觀點來看，接下來第一件要處理的事情就是 Template 變數的初始化。等到這份指令檔結束時，模板變數中就會納入所有基礎設施的描述細節，之後只要直接把變數內容輸出，就可以得到我們想要的 CloudFormation 模板了：

```
t = Template()
```

在閱讀完本書之後，你的手上就會有多份建立好的 CloudFormation 模板。因此為了幫助我們在之後可以認出堆疊當中有些什麼資源，要先完善對模板檔的描述內容。在模板變數的初始化完成後，加入以下描述文字：

```
t.add_description("Effective DevOps in AWS: HelloWorld web application")
```

先前在透過指令列介面啟動 EC2 實體時，為了使用 SSH 機制「與伺服器連線」而選擇了一份「要在登入時使用」的金鑰組。為了維持這個機制，因此在模板中第一個要填入的參數就是「讓 CloudFormation 的使用者可以在啟動 EC2 實體時，同樣能選擇要用於登入的金鑰組」。所以這邊要先建立一個 Parameter 物件，然後給入一個辨識值、一個描述字串、一個參數型態（parameter type），以及一個提示字串，好讓我們可以在啟動這組堆疊時輔助決定。最後要用在 Template 類別當中的 add_parameter() 函式（function），將這個參數加入最後的模板檔中：

```
t.add_parameter(Parameter(
    "KeyPair",
    Description="Name of an existing EC2 KeyPair to SSH",
    Type="AWS::EC2::KeyPair::KeyName",
    ConstraintDescription="must be the name of an existing EC2 KeyPair.",
))
```

下一件要處理的事情是安全性群組，步驟跟我們處理 KeyPair 參數大同小異。首先，我們想要開啟對外的「SSH/22 連線埠」以及「TCP/3000 埠」。3000 這個埠號先前已被我們定義在 ApplicationPort 這個變數了，不過這次要用來描述資訊的不是 Parameter 類別，而是要使用資源。所以我們要用到 add_resource() 這個函式：

```
t.add_resource(ec2.SecurityGroup(
    "SecurityGroup",
    GroupDescription="Allow SSH and TCP/{} access".format(ApplicationPort),
    SecurityGroupIngress=[
        ec2.SecurityGroupRule(
            IpProtocol="tcp",
            FromPort="22",
            ToPort="22",
            CidrIp="0.0.0.0/0",
        ),
        ec2.SecurityGroupRule(
            IpProtocol="tcp",
            FromPort=ApplicationPort,
            ToPort=ApplicationPort,
            CidrIp="0.0.0.0/0",
        ),
    ],
))
```

接著，我們要將「登入 EC2 實體並部署 helloworld.js 檔案」的步驟寫成一份 init 指令檔。為此要利用到 EC2 實體所提供的 UserData 功能。當你建立一個 EC2 實體時，你可以透過額外提供的 UserData 參數，在這台虛擬機器被啟動時「執行一連串的指令」（關於這部份的細節請另外參考 http://amzn.to/1VU5b3s）。使用 UserData 時一個需要注意的問題是，為了配合 API 函式的呼叫，因此寫入其中的指令檔「必須要用 base64 編碼過」。

接下來要做的，就是根據「第 2 章，部署第一個網頁應用服務」中同樣的步驟，寫成一個小型的指令檔，然後編碼成 base64 格式之後，放進一個名為 ud 的變數當中。要注意的是，把應用服務安裝在 ec2-user 家目錄（home directory）並不是個好作法。不過我們這邊還是先照著「第 2 章，部署第一個網頁應用服務」中相同的內容走過一次再說。之後在「第 4 章，持續整合與持續部署」要改善部署系統時，會再更正這個問題：

```
ud = Base64(Join('\n', [
    "#!/bin/bash",
    "sudo yum install --enablerepo=epel -y nodejs",
    "wget http://bit.ly/2vESNuc -O /home/ec2-user/helloworld.js",
    "wget http://bit.ly/2vVvT18 -O /etc/init/helloworld.conf",
    "start helloworld"
]))
```

現在我們要來著手處理這份模板的主角,也就是 EC2 實體的部份。建立實體時需要提供這個實體資源的辨識名稱、映像檔的 id 編號、實體類型、安全性群組、用於 SSH 登入機制的金鑰組,以及前面的 UserData 指令檔。這邊為了簡化,我們先將 AMI 映像檔的 id 編號(ami-cfe4b2b0)以及實體類型(t2.micro)直接寫死在裡面。

至於建立 EC2 實體剩下所需要的像是「安全性群組」與「KeyPair 金鑰組名稱」等等,都已經在先前的步驟中以參數或資源物件方式準備好了。在 CloudFormation 的語法中,你可以用關鍵字 Ref 來對「同模板中先前建立過的其他欄位」進行參照引用。而在 Troposphere 裡面,則是呼叫 Ref() 函式。跟前面做的步驟一樣,產生實體資源物件後,要用 add_resource 函式加進模板裡面:

```
...
t.add_resource(ec2.Instance(
    "instance",
    ImageId="ami-cfe4b2b0",
    InstanceType="t2.micro",
    SecurityGroups=[Ref("SecurityGroup")],
    KeyName=Ref("KeyPair"),
    UserData=ud,
))
...
```

這份指令檔的最後一個環節,我們要來處理模板中的 Outputs 欄位,以便於產生「CloudFormation 建立堆疊時」的輸出資訊。這個部份可以讓你設定在啟動堆疊時,印出一些有用的資訊,其中兩項資訊特別有用:用來連線到網頁應用服務的網址,以及「可用於 SSH 連線到這台 EC2 實體」的 IP 位址。為了獲得這些資訊,我們要利用 CloudFormation 的 Fn::GetAtt 函式。在 troposphere 中對應的則是 GetAttr() 函式:

```
...
t.add_output(Output(
    "InstancePublicIp",
    Description="Public IP of our instance.",
    Value=GetAtt(instance, "PublicIp"),
))

t.add_output(Output(
```

```
    "WebUrl",
    Description="Application endpoint",
    Value=Join("", [
        "http://", GetAtt(instance, "PublicDnsName"),
        ":", ApplicationPort
    ]),
))
...
```

這樣一來我們就可以利用這份指令檔來產生「最終的模板結果輸出檔」了：

```
print t.to_json()
```

至此我們已經完成指令檔的開發，你可以存檔並關閉編輯器了。檔案內容應該會看起來跟這份相似：http://bit.ly/2vXM5Py。

接著就能用合適的權限執行這份指令檔，然後把「輸出的 CloudFormation 模板結果」輸出為一份檔案：

```
$ python helloworld-cf-template.py > helloworld-cf.template
```

**關於 CloudInit**

cloud-init 提供了一系列的 Python 指令檔，可用於大多數的 Linux 發行版本環境以及雲端供應商的服務，並強化了 UserData 欄位的格式，把最常使用到的作業項目像是「安裝套件包、開新檔案、執行指令等等」都獨立到模板中的不同欄位。這項工具的介紹不在本書範疇之中，但如果你在編寫 CloudFormation 模板時發現 UserData 欄位的使用比重很高，那就可以參考看看。說明文件在 http://bit.ly/1W6s96M。

## 從 CloudFormation 主控台建立堆疊

接下來我們就能依照底下的步驟，啟動這份模板：

1. 從瀏覽器開啟 CloudFormation 網頁上的管理主控台畫面：https://console.aws.amazon.com/cloudformation。點擊 **Create Stack**（創建堆疊）。

2. 在下一個畫面中，我們要選擇 **Upload a template to Amazon S3**（將模板上傳到 **Amazon S3**），然後選擇將這份剛產出的模板檔案 helloworld-cf.template 上傳。

3. 將這個堆疊命名為 HelloWorld。

4. 設定好堆疊的名稱後，請往下看到「先前模板中設定的 **Parameters（參數）欄位**」
會被顯示在這邊。CloudFormation 要我們選擇使用的 SSH 連線金鑰組。請從下拉
式選單中選擇一個金鑰組。

5. 在下個畫面，我們可以對資源進行額外的標籤設定。而在 **Advanced（進階設定）**區
塊中可以看出「要如何將 CloudFormation 跟 SNS 整合起來」，以便在「發生錯誤
或是逾時」時執行動作。在這個畫面你還可以決定誰能或誰不能編輯這份堆疊。不
過現在直接先按 **Next（下一步）** 跳過去就好。

6. 接著就會來到確認畫面，在這邊確認決定好的選項，並可以評估一下運行這個堆疊
所需的費用。然後點擊 **Create（創建）**。

7. 於是就會回到 CloudFormation 管理主控台的主畫面。在畫面上我們可以「在
**Events（事件）**頁籤中」看到資源正在被建立。

8. 當從模板建立資源的過程結束後，點擊 **Outputs（輸出）**頁籤，就可以看到在模板
檔案中 **Outputs** 欄位所定義的輸出資訊：

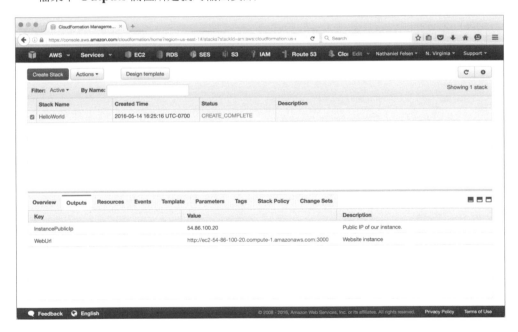

9. 點擊 **WebUrl** 鍵值欄位所對應的值（一個網址連結），就會直接打開 **HelloWorld**
應用服務的頁面了。

# 將模板指令檔納入原始碼管控機制

我們已經測試過模板，並確認執行無誤，接著就要將這份檔案簽入（commit）到原始碼管控系統中。這樣做可以讓我們持續追蹤變更，並且以同樣的標準流程來管理應用服務的程式碼，以及基礎設施的程式碼（更多細節請參考「第 4 章，持續整合與持續部署」）。

為此我們要先利用 Git 服務。AWS 雲端服務平台上有一個 AWS CodeCommit 的服務項目（http://amzn.to/2tKUj0n），可以用來整合 Git 版本庫。不過因為 GitHub 的（https://github.com）知名度比較高，所以我們就直接用 GitHub 好了。如果你還沒有申請過 GitHub 的帳號，請先去註冊一個（而且完全免費）。

登入 GitHub 之後，先給 CloudFormation 模板檔新增一個版本庫：

1. 從瀏覽器開啟 https://github.com/new 頁面。

2. 給新的版本庫命名為「EffectiveDevOpsTemplates」。

3. 勾選 **Initialize this repository with a README**（用 **README** 檔來初始化版本庫）選項。

4. 最後點擊 **Create repository**（建立版本庫）按鈕。

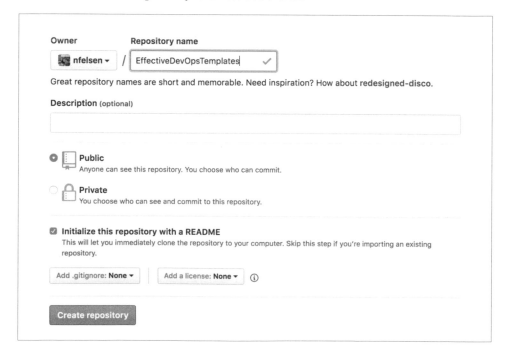

5. 一旦新增好版本庫後，就能直接將版本庫複製到電腦中。當然這需要先安裝好 Git（如果先前沒安裝過，可以從 Google 上搜尋一下如何在你的作業系統上安裝 Git 工具）。使用 CentOS 平台時，只要執行 `yum -y install git` 就可以將 Git 套件包安裝到 Linux 作業系統中：

```
$ git clone
https://github.com/< 你的 github 使用者名稱 >/EffectiveDevOpsTemplates
```

6. 這樣一來，版本庫已經複製好了，我們就能進到版本庫資料夾，然後將先前的模板檔案複製到「這個新建立的 GitHub 版本庫」中：

```
$ cd EffectiveDevOpsTemplates
$ cp <helloworld 模板檔案的存放路徑 >/helloworld-cf-template.py .
```

7. 最後，把這個新檔案加入並簽入到專案中，然後推送到 GitHub 去：

```
$ git add helloworld-cf-template.py
$ git commit -m "Adding helloworld Troposphere template"
$ git push
```

**單一版本庫與多個版本庫**

當你在管理程式碼的時候，通常有兩種規劃版本庫的方式：你可以每個專案都建立一個版本庫，也可以把「整個單位的所有程式碼」都放在同一個版本庫底下。在本書中，我們選擇用最簡單的方式，也就是每個專案都有一個版本庫。但近年一些開放原始碼專案，像是 Google 的 Bazel、Facebook 的 Buck 還有 Twitter 的 Pants 都選擇使用「單一版本庫」的規劃方式，因為這能省去要「同時」對基礎設施與服務進行「大幅度變更」時，多個版本庫會面臨的「麻煩」。

# 更新 CloudFormation 堆疊

採用 CloudFormation 模板來管理資源，最大的好處之一就是「由 CloudFormation 建立出來的資源」與「堆疊的內容」高度對應。如果我們希望對堆疊進行變更，只要更新模板的內容，然後將變更反應到既有的 CloudFormation 堆疊上就好。接下來就說明這種方法。

# 更新 Python 指令檔

我們先前的 helloworld-cf-template.py 指令檔很單純，只是利用了 Python 的 troposhpere 函式庫功能來幫助我們輕鬆產生 JSON 格式的輸出檔，而不再需要自己手動編寫這些 JSON 內容。當然，在我們能用指令檔來建立與管理基礎設施之後，之前所做的這些不過是牛刀小試的程度而已。底下就是一個很好的範例，告訴你只要多寫幾行 Python 程式碼，就能輕鬆引入更多服務項目、外部資源，並且更新既存的 CloudFormation 堆疊。

在先前的範例中，我們建立的安全性群組開放了兩個連接埠：22（SSH）與 3000（網頁應用服務）。而如果將 SSH 連線設定為「只允許我們自己的 ip 連線」，便能進一步提高安全性。這部份要修改 Python 指令檔中，安全性群組「在處理 22 埠流量時」的**無類別域間路由 IP 位址（CidrIp，Classless Inter-Domain Routing IP）**。網路上有很多免費服務可以查詢自己的對外公開 IP 位址。這邊我們選擇使用 https://api.ipify. org。用 curl 指令很快就可以看到答案：

```
$ curl https://api.ipify.org
54.164.95.231
```

所以我們要在指令檔中利用這項網路服務，特別選擇使用這個服務還有一個理由是「因為它跟 python 函式庫的整合」。可以到 https://github.com/rdegges/pyhton-ipify 了解更多細節。先用底下這則指令安裝函式庫：

```
$ pip install ipify
```

如果你像下面這樣，遇到跟 pip 相關的錯誤障礙，那可能需要先將 pip 的版本降級，在安裝 ipify 之後，再重新將 pip 的版本升級到最新：

```
Cannot uninstall 'requests'. It is a distutils installed project and thus
we cannot accurately determine which files belong to it which would lead
to only a partial uninstall.
```

上述錯誤訊息可以透過底下的指令排除：

```
$ pip install --upgrade --force-reinstall pip==9.0.3
$ pip install ipify
$ pip install --upgrade pip
```

指令檔中需要給入的是 CIDR 格式，這邊還要先將 IP 位址轉換為 CIDR，這時就要再安裝一個函式庫叫 ipaddress。透過這些函式庫的合作，我們就不用煩惱要處理的是 IPv4 還是 IPv6 格式的位址了：

**$ pip install ipaddress**

一旦安裝好函式庫之後，就再次用編輯器開啟 helloworld-cf-template.py。在指令檔的最開頭，要把函式庫引用進來，然後在 ApplicationPort 的變數宣告底下，再新增一個 PublicCidrIp 變數，利用這兩個函式庫的功能將 CIDR 找出來，如下所示：

```
...
from ipaddress import ip_network
from ipify import get_ip
from troposphere import (
    Base64,
    ec2,
    GetAtt,
    Join,
    Output,
    Parameter,
    Ref,
    Template,
)

ApplicationPort = "3000"
PublicCidrIp = str(ip_network(get_ip()))
...
```

最後，修改 SSH 群組的安全性規則加入 CidrIp 的宣告：

```
SecurityGroupIngress=[
    ec2.SecurityGroupRule(
        IpProtocol="tcp",
        FromPort="22",
        ToPort="22",
        CidrIp=PublicCidrIp,
    ),
....
    ]
```

將以上的修改都存檔，檔案的最終結果應該會看起來跟這份相似： http://bit.ly/2uvdnP4。

現在你就能重新產生一次 CloudFormation 模板，然後用 diff 指令看看前後有什麼差別：

```
$ python helloworld-cf-template.py > helloworld-cf-template-v2.template
$ diff helloworld-cf-v2.template helloworld-cf.template
46c46
<                         "CidrIp": "54.164.95.231/32",
---
>                         "CidrIp": "0.0.0.0/0",
91a92
>
$
```

如上所示，現在 CidrIp 已經被正確設定為限制只有我們的 IP 才能登入，接著就只剩把更新套用上去了。

## 更新堆疊

在產生好新版的 JSON 格式 CloudFormation 模板後，就可以回到 CloudFormation 管理主控台，然後照底下的步驟更新堆疊：

1. 從瀏覽器開啟 CloudFormation 網頁上的管理主控台畫面：https://console.aws.amazon.com/cloudformation。

2. 選擇先前建立好的 HelloWorld 堆疊。

3. 點擊 **Action**（操作），然後選擇 **Update Stack**（更新堆疊）。

4. 點擊 **Browse**（瀏覽）按鈕開啟檔案選擇視窗，然後選擇 helloworld-cf-template-v2.template，之後點擊 **Next**（下一步）。

5. 接下來的畫面可以讓我們更新堆疊的細節設定，但在這個範例中參數的部份都沒有需要更動，因此直接點擊 **Next**（下一步）繼續就好。

6. 下個畫面也是一樣，只是要確認對 IP 設定變更的話，就直接點擊 **Next**（下一步）繼續就好：

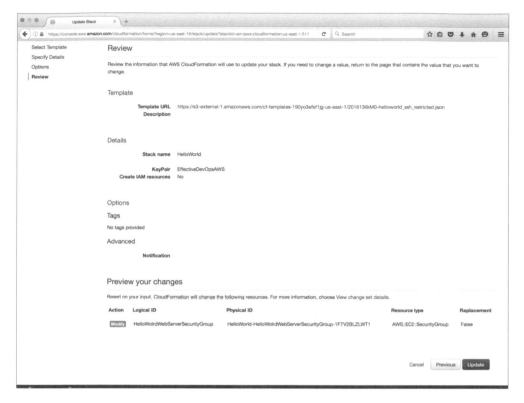

7. 接著就會來到 **Review（審核）**頁面，等個幾秒之後 CloudFormation 就會在畫面上顯示我們這次變更的 **Preview（預覽您的更改）**。

8. 這次的更新只有針對安全性群組。最後點擊 **Update（更新）**就會跳回 CloudFormation 的模板一覽頁面了，更新也會隨即開始被套用上去。

9. 在本次的範例當中，對 AWS 安全性群組的更新會生效在整個帳號範圍下，而透過 **Review（審核）**頁面，或是從 CloudFormation 主控台 **Resources（資源）**頁籤中顯示的實體 ID 編號，我們可以驗證這個變更：

```
$ aws ec2 describe-security-groups \
    --group-names HelloWorld-SecurityGroup-1XTG3J074MXX
```

# 更換組態

由於這份模板只有對「網頁伺服器」與「安全性群組」的設定，因此用 CloudFormation 進行更新還不是什麼危險的事情。而且我們所做的更動就跟「直接在 AWS 雲端服務平台上修改既有的安全性群組」一樣，只是替換了一些設定值。因此反過來講，要是將來架構越來越複雜、CloudFormation 的模板也越來越複雜化的話，當你在執行模板更新時，就可能會在最後的審核階段遇到一些意外的變更狀況。所以 AWS 雲端服務平台提供了另外一種更新模板的安全方式，這個功能叫做更換組態（change sets），從 CloudFormation 的主控台就可以使用。請依如下步驟在更新堆疊時改為採用更換組態的方式進行：

1. 從瀏覽器開啟 CloudFormation 網頁上的管理主控台畫面：`https://console.aws. amazon.com/cloudformation`。

2. 選擇先前建立好的 **HelloWorld** 堆疊。

3. 點擊 **Action**（操作），然後選擇 **Create Change Set**（**為現有的堆疊創建更換組態**）。

接下來的步驟跟之前更新時都一樣。唯一的差別只有最後一個畫面：

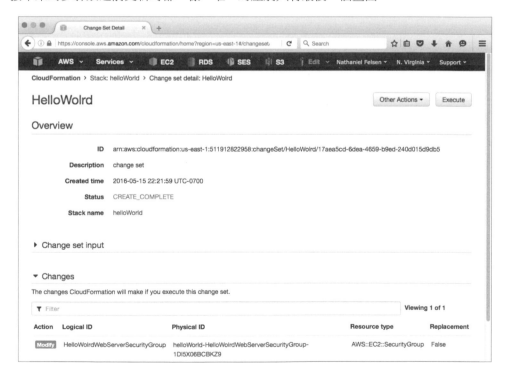

跟一般更新堆疊時的畫面不同，在建立更換組態時會讓你「在套用更新之前」詳細了解進行的變更內容。如果你都確認過，再執行更新就好。而且，當開始改用更換組態來更新堆疊之後，你也可以從 CloudFormation 的主控台選擇 **Change Set**（更換組態）頁籤來「快速確認」堆疊最近進行的更新內容。最後，一樣把這次對 troposphere 指令檔的變更用底下的指令進行簽入：

```
$ git commit -am "Only allow ssh from our local IP"
$ git push
```

## 刪除 CloudFormation 堆疊

在前一個小節的內容中，我們介紹了如何使用 CloudFormation 來更新模板。而當你要刪除 CloudFormation 模板與資源時也是差不多的流程。只要點個幾下就可以把模板刪除，連帶把「啟用模板時產生的資源」也一起刪掉。從最佳實務的觀點來看，只要是先前用 CloudFormation 產生的資源，最好也用 CloudFormation 來進行變更，以及在不需要資源時進行刪除。

刪除堆疊很簡單，照底下的步驟進行就好：

1. 從瀏覽器開啟 CloudFormation 網頁上的管理主控台畫面：`https://console.aws.amazon.com/cloudformation`。

2. 選擇先前建立的 `HelloWorld` 堆疊。

3. 點擊 **Action**（操作），然後選擇 **Delete Stack**（刪除堆疊）。

跟先前一樣，你可以在 **Events**（事件）頁籤中追蹤執行的過程：

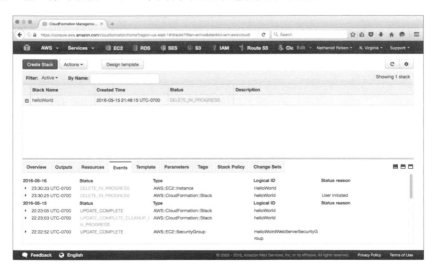

CloudFormation 在「AWS 雲端服務平台的生態系中」佔有重要的地位。大多數架構的複雜度都可以用 CloudFormation 來進行描述與管理，讓你可以對 AWS 資源的生產線擁有足夠的控制力。雖然 CloudFormation 擅長管理資源的建立，但在對 EC2 這類服務「進行簡單的變更時」也會感到棘手。這是因為當這些資源被啟動之後，CloudFormation 就不會再去追蹤這些資源後續的狀態。因此當你想要更新 EC2 實體時，唯一妥當的方法就是再建立一個新的實體，等到這個新的實體建立完成後，再跟線上原本的實體作交換。在某種程度上，這算是有達到「全有或全無」的不可分割性方法（先假設你不會在建立新的實體之後還去執行一些指令）。這種方式聽起來不錯，而且在某些情況下或許可以當作最佳方案來用，但你可能還是會想讓同一台 EC2 實體盡可能維持運作，然後能夠有個像 CloudFormation 一樣的受控流程可以「快速、安全地執行變更」。而這就是組態管理系統的作用了。

# 建立組態管理系統

對一般引入 DevOps 文化的組織來說，組態管理系統可說是最普遍的一項要素。就像大多數商業市場中的公司一樣，組態管理系統很快就取代了自己開發的 Shell、Python、Perl 等等的指令檔。引進一套組態管理系統的好處很多，像是針對不同領域而設計的程式語言，改善了程式碼的可讀性，而要設定系統時，也可以更貼合每個不同組織單位的需求。在這當中，有許多好用的內建功能。而且，一套廣為使用的組態管理工具就代表有著「廣大且活躍的使用者社群」，能讓你在嘗試將一套系統自動化時，找到現成的程式碼使用。

這些知名的組態管理系統當中包括了 **Puppet**、**Chef**、**SaltStack** 還有 **Ansible** 等等。這些工具都相當不錯，但本書會集中介紹 Ansible，也就是上述這四種工具中的最新者。這背後當然是因為 Ansible 有幾項特色讓它脫穎而出：與其他幾個組態管理系統不同，Ansible「不需要伺服器、常駐服務或是資料庫」便能運作。你大可以把程式碼留在原始碼管控系統中，然後等到你真正需要執行時再下載，或是透過 SSH 連線的機制推送。用於開發自動化的程式碼是「YAML 語言靜態檔案格式」（YAML static file），這一點比起其他採用 Ruby 或是某些 DSL 語言的工具，學習門檻要低得多。而為了保存這些組態檔，就要使用檔案版本管控系統，我們這邊一樣採用 GitHub。

### AWS 的 OpsWorks 以及與 Chef 的整合

因為 Amazon 並沒有推出自己的組態管理系統服務項目，因此他們選擇在 OpsWorks 服務中支援了 Chef。與本書目前為止所介紹的服務項目不同，OpsWorks 主要的目標在於「提供一套應用服務的完整生命週期：包括資源監控、組態管理、應用服務部署、軟體的更新、監控服務以及存取控制。」如果你比較不在意彈性與控制權的話，OpsWorks 提供的服務或許很適合用於「一些比較單純的網頁應用服務」。請見 http://amzn.to/108dTsn 來了解更多細節。

# 開始使用 Ansible

首先我們要在電腦上安裝 Ansible，然後建立一個 EC2 實體，以便說明 Ansible 的基本使用方法。之後我們會利用 Ansible 中稱作「腳本」（playbook）的機制來重新改造 HelloWorld 這隻 Node.js 的應用服務。之後，就要來看看如何以「被動的拉取模式情境」使用 Ansible 機制，以便改善部署流程。最後我們會說明如何使用 Ansible 來取代 CloudFormation 模板中的 UserData 區塊，以便結合 CloudFormation 與組態管理系統的優點。

Ansible 簡單易學，而且網路上的說明文件也很完善。本書的內容已足以讓你入門並且上手，寫出一份如範例那樣的簡易設定。但建議你可以多花一點時間來了解 Ansible，這樣可以用得更得心應手。

# 在電腦上安裝 Ansible

如同先前所述，Ansible 是一套相當簡易的應用程式，安裝上也沒有太多的相依性需要處理。你可以「透過作業系統上的套件管理工具或是 pip（因為 Ansible 是以 Python 開發的）」在自己的電腦上安裝 Ansible。底下所有的範例輸出內容，都是以 CentOS 7.x 的 Linux 發佈版本平台為基礎，但對其他可支援的作業系統平台來說，操作流程應該都大同小異（請根據所使用的作業系統，參考下列鏈結的詳細資訊下載安裝 Ansible：https://docs.ansible.com/ansible/latest/installation_guide/intro_installation.html#installing-the-controlmachine）。這會在電腦上安裝一些可執行檔、函式庫，以及 Ansible 的模組：

```
$ yum install ansible
```

你可以注意到當中沒有安裝任何的 daemon 或是資料庫，這是因為 Ansible 預設上僅需要 SSH 與靜態檔案就可以運作。接下來我們就能開始使用 Ansible 了：

```
$ ansible --version

ansible 2.6.2
  config file = /etc/ansible/ansible.cfg
  configured module search path = [u'/root/.ansible/plugins/modules',u'/
  usr/share/ansible/plugins/modules']
  ansible python module location = /usr/lib/python2.7/sitepackages/ansible
  executable location = /bin/ansible
  python version = 2.7.5 (default, Aug 4 2017, 00:39:18) [GCC 4.8.520150623
  (Red Hat 4.8.5-16)]
```

## 給 Ansible 建立一個測試環境

為了說明 Ansible 的基礎功能，我們要再一次重新啟動 helloworld 應用服務範例。

在先前的章節中已經示範過「如何透過網頁介面來建立一份堆疊」，因此理所當然地，也可以透過指令列介面來啟動一份堆疊。

請先回到之前產生了 helloworld-cf-template-v2.template 這份模板檔的 EffectiveDevOpsTemplates 資料夾路徑下，然後在該目錄下執行底下這則指令：

```
$ aws cloudformation create-stack \
    --capabilities CAPABILITY_IAM \
    --stack-name ansible \
    --template-body file://helloworld-cf-v2.template \
    --parameters ParameterKey=KeyPair,ParameterValue=EffectiveDevOpsAWS
{
    "StackId": "arn:aws:cloudformation:us-east-1:094507990803:stack/
    ansible/bb29cb10-9bbe-11e8-9ee4-500c20fefad2"
}
```

指令執行之後 EC2 實體很快就會上線，現在就可以來準備建立一個工作環境了。

## 建立 Ansible 版本庫

我們使用 Ansible 的第一個目標，是想要可以在遠端伺服器上執行指令。而為了讓這件事情更有效率，首先要在本地端電腦上設定環境，因為我們不想每次都要重複做同樣的事情。而且「將一切都納入原始碼管控」本來就是目標之一，所以要先建立一個新的 Git 版本庫。因此，就跟建立 EffectiveDevOpsTemplate 版本庫時一樣，請照以下的步驟進行。

登入 GitHub，然後給這次的 CloudFormation 模板檔另外建立一個新的版本庫：

1. 從瀏覽器開啟 https://github.com/new 頁面。

2. 給新的版本庫命名為「ansible」。

3. 勾選 **Initialize this repository with a README**（用 **README** 檔來初始化版本庫）選項。

4. 最後點擊 **Create repository**（建立版本庫）按鈕。

5. 版本庫建立好之後，就可以下載複製到你的電腦當中：

   ```
   $ git clone https://github.com/< 你的 github 使用者名稱 >/ansible
   ```

6. 現在版本庫下載好了，我們就可以進入目錄底下，然後把先前產生的模板檔複製到這個新的 GitHub 版本庫中：

   ```
   $ cd ansible
   ```

說到 Ansible 最基本的功能，就是一個可以讓你在清單（inventory）中的遠端環境上執行指令的工具。你可以自己手動編輯這份清單，以 INI 格式的檔案將所有遠端環境與環境的網路位址設定進去。或是如果有 API 可以使用的話，也可以用動態的方式來產生清單。所以從這邊就可以看出，對於「可透過 API 來產生清單」的 AWS 雲端服務平台來說，Ansible 的優勢為何。首先，我們要從 Ansible 的官方 Git 版本庫下載 Python 指令檔，然後設定指令檔的執行權限（execution permission）：

```
$ curl -Lo ec2.py http://bit.ly/2v4SwE5
$ chmod +x ec2.py
```

不過在開始使用 Python 指令檔之前，還要先準備一份設定檔。請在同一個路徑底下開新檔案，檔名取為「ec2.ini」。然後將底下的設定內容寫入：

```
[ec2]
regions = all
regions_exclude = us-gov-west-1,cn-north-1
destination_variable = public_dns_name
vpc_destination_variable = ip_address
route53 = False
cache_path = ~/.ansible/tmp
cache_max_age = 300
rds = False
```

完成設定檔之後，就可以直接執行 ec2.py 指令檔來確認是否能正確產生清單：

```
$ ./ec2.py
```

上面這個指令會從你的 AWS 帳號底下找出各種資源，然後組成龐雜的巢狀 JSON 格式回傳。你可以在回傳的結果內容中看到「我們先前建立過的 EC2 實體公開網路位址」。設定 Ansible 環境的最後一步，就是告訴它如何擷取出上面這份基礎設施的清單，然後要用哪個使用者帳號執行 SSH 登入到 EC2 實體，以及如何切換為 root 權限身分等等的細節。在同樣的路徑底下建立一個新的「ansible.cfg」檔案。然後寫入如下的內容：

```
[defaults]
inventory       = ./ec2.py
remote_user     = ec2-user
become          = True
become_method   = sudo
become_user     = root
nocows          = 1
```

這樣一來，我們就完成使用 Ansible 的準備。在 Ansible 當中，有一些指令與一些簡單的觀念需要介紹。首先要說明的是 ansible 這個指令本身以及關於模組的觀念。

## 執行模組

這個「ansible」就是最主要的指令，並且可以在遠端環境上運行各種模組。所謂的模組就是一種可以直接在遠端環境上執行的函式庫。Ansible 在 http://bit.ly/24rU0yk 提供了一系列模組的列表，而除了這些標準模組之外，你還可以用 Python 開發自己的模組。有些模組可適用於各種情況與技術上，這邊要介紹的第一個模組功能就是很單純的 ping，可以讓你試著偵測與伺服器之間的網路連線，如果連得到就會有回應（pong）：

模組本身的說明文件可以透過 ansible-doc 指令查看，如下所示：
$ ansible-doc <模組的名稱>
舉例如：
$ ansible-doc ping
上面這邊 ping 就是 Ansible 其中一個模組的名稱。

在先前建立 Ansible 測試環境時，我們透過 CloudFormation 新增了一個 EC2 實體，但到現在我們還不知道它的網路 IP 位址為何，而透過 Ansible 與 ping 這兩個指令就可以找出這項資訊。如先前所言，我們需要在 ansible 版本庫資料夾下才能執行 ansible 指令，如下所示：

```
$ ansible --private-key ~/.ssh/EffectiveDevOpsAWS.pem ec2 -m ping
18.206.223.199 | SUCCESS >> {
    "changed": false,
    "ping": "pong"
}
```

如上面顯示的結果那樣，透過對 AWS 雲端服務平台的 EC2 服務 API 查詢，Ansible 可以找出我們的 EC2 實體位址並且確認實體已經上線。

**對 SSH 連線的設定**

由於 Ansible 的使用與 SSH 密不可分，因此最好花點時間研究一下 $HOME/.ssh/config 檔案的 SSH 設定方式。比方說，你可以將底下這些參數設定進去，這樣之後就不用再輸入 --private-key 跟 -u 參數了：

```
IdentityFile ~/.ssh/EffectiveDevOpsAWS.pem
User ec2-user
StrictHostKeyChecking no
PasswordAuthentication no
ForwardAgent yes
```

設定好之後，你就不需要再給 Ansible 指定 --private-key 參數了。

## 針對特定目標的指令

ansible 指令工具還可以針對「特定的遠端伺服器」執行指令。在底下的範例當中，我們限定針對只有公開網路位址符合「18.206.223.*」這個規則的伺服器，執行 df 指令（你需要先根據先前 ping 指令回傳的結果，找出 EC2 實體的公開 IP 位址，然後修改底下的指令）：

```
$ ansible --private-key ~/.ssh/EffectiveDevOpsAWS.pem '18.206.223.*' -a
'df -h'
18.206.223.199 | SUCCESS | rc=0 >>
Filesystem      Size  Used  Avail Use% Mounted on
devtmpfs        484M   56K   484M  1% /dev
tmpfs           494M    0    494M  0% /dev/shm
/dev/xvda1      7.8G  1.1G   6.6G 15% /
```

這樣你應該就能稍微理解 Ansible 的功用了，接下來我們就能把 Ansible 的各種模組結合起來，建立一套自動化系統，這套自動化的機制又稱為「**腳本**」（**playbook**）。

# Ansible 腳本

Ansible 的腳本（Playbooks）是一種包括了設定檔、部署檔，以及用各種不同程式語言編寫而成的檔案群。建立這些檔案的過程，其實就相當於一步一步地設定作業系統「直到部署應用服務甚至監控為止」的設計過程。由於 Ansible 採用易讀性高的 YAML 格式，因此跟我們在介紹 CloudFormation 時相同，最簡單的入門方式就是從 Ansible 官方在 GitHub 上的版本庫範例開始著手：https://github.com/ansible/ansible-examples。

## 建立一份腳本

在 Ansible 的官網上已經提供了一系列的完善範本（http://bit.ly/1ZqdcLH）。而在他們的說明文件當中有一項特別被提及的重點，就是對「角色」（Roles）的運用。Ansible 的「角色」是一項能讓你統整腳本內容的重要功能，甚至特別寫在「官方對腳本的說明文件主頁」中。這是因為「角色」是將 Ansible 模組化的重要關鍵，這樣你才能讓應用服務以及腳本的程式碼「可重複利用」。為了說明這一點，在接下來的範例中，我們會建立一個角色，用於腳本機制當中。

## 建立一個角色來部署與啟動網頁應用服務

我們要來重新修改「先前有用到 CloudFormation 的 UserData 定義區塊」來產生的「那份 HelloWorld 堆疊」。如果你還記得的話，當時 UserData 的內容應該類似如下所示：

```
yum install --enablerepo=epel -y nodejs
wget http://bit.ly/2vESNuc -O /home/ec2-user/helloworld.js
wget http://bit.ly/2vVvT18 -O /etc/init/helloworld.conf
start helloworld
```

這邊可以看到，上面這份指令檔中有三種不同類型的操作：我們先是準備要用來運行應用服務的作業系統環境，在這份範例中只是安裝 Node.js 而已。接著，我們把運行應用服務所必要的各種資源複製過來，在這份範例中包括了「以 JavaScript 寫成的程式碼」與「啟動用的設定檔」。最後就是啟動服務而已。就像開發時一再強調的，不要在程式碼中作一些重複的無用功。比方說，部署與啟動應用服務「對這份 HelloWorld 專案來說」是每一次的必經過程，但安裝 Node.js 就不是了。因此為了讓安裝 Node.js 這個動作也達到可重複利用的標準，這邊要使用兩種不同的角色。一個角色是用來安裝 Node.js，而另外一個則負責部署與啟動 HelloWorld 應用服務。

Ansible 在預設上會在「Ansible 版本庫目錄底下的 roles 資料夾」尋找對角色的定義，因此這邊第一件事情就是在「先前建立 Ansible 版本庫步驟時」產生的 ansible 資料夾下建立一個「新的 roles 目錄」，然後用 cd 指令跳進去：

```
$ mkdir roles
$ cd roles
```

接著就能開始來準備角色的定義了。在 Ansible 當中有個叫 ansible-galaxy 的指令工具，可用於角色建立的初始化動作。我們第一個要建立的角色是用來安裝 Node.js 的角色：

```
$ ansible-galaxy init nodejs
- nodejs was created successfully
```

> 就像先前曾提到過的，跟其他組態管理系統一樣，Ansible 在 https://galaxy.ansible.com/ 上也有提供活躍的社群支援，讓大家在上面分享自己設定的角色定義檔。所以除了直接用 ansible-galaxy 指令來建立一個空的角色框架之外，你也可以透過 ansible-galaxy 來引用從社群支援上找到的角色定義。

這會產生一個名為 nodejs 的資料夾以及底下一連串的子目錄，可以讓我們對「角色中不同的欄位」進行定義。接著就跳進這份目錄底下：

```
$ cd nodejs
```

在這個 nodejs 目錄底下，最重要的就是 tasks 這個資料夾。當 Ansible 要執行腳本時，就會去執行在 tasks/main.yml 這份檔案裡面的程式碼。因此請先以慣用的純文字編輯器開啟這個檔案。

當打開 main.yml 之後會看到如下的內容：

```
---
# tasks file for nodejs
```

由於 nodejs 這個角色的任務就是要安裝 node.js 跟 npm，因此跟在 UserData 指令檔裡面設定的一樣，我們要使用 yum 指令工具來完成這些任務。

編寫 Ansible 的任務內容，其實就是在進行「一連串對不同 Ansible 模組的呼叫」。第一個我們會用到的模組是用來對 yum 指令封裝的工具，你可以在 http://bit.ly/28joDLe 找到說明文件。這樣就能安裝套件包了。此外我們還要介紹迴圈（loop）的概念，因為我們要安裝兩項套件包，所以會呼叫 yum 模組兩次，這時候就要用到 with_items 條件子（operator）。在開頭的三個破折號與註解底下，呼叫 yum 模組，然後安裝套件包：

```
---
# tasks file for nodejs

- name: Installing node and npm
  yum:
    name: "{{ item }}"
    enablerepo: epel
    state: installed
  with_items:
    - nodejs
    - npm
```

這樣每當 Ansible 要執行腳本時，就會先確認系統內已安裝的套件包，如果確認 nodejs 或 npm 套件包還沒安裝時，才會執行安裝的動作。

這樣我們就設定好第一個角色了。由於本書的範例關係，所以這些角色的設定都相當簡易，但在真正線上的環境當中，可能會需要安裝特定版本的 node.js 與 npm，也有可能是直接從 https://nodejs.org/en/ 下載可執行檔，甚至可能還要「在處理相依性關係時」安裝特定的版本。下一個要定義的角色是「負責部署與啟動 HelloWorld 應用服務」的角色。我們要先回到上一層的 roles 目錄，然後再次呼叫 ansible-galaxy 指令：

```
$ cd ..
$ ansible-galaxy init helloworld
- helloworld was created successfully
```

跟前面的動作一樣，跳進這個新產生的 helloworld 資料夾中：

```
$ cd helloworld
```

這次我們要利用其他的子目錄。其中一個隨 ansible-galaxy 指令產生的子目錄就是 files，只要在這個子目錄底下放入檔案，就可以讓我們把檔案複製到遠端環境上。我們先把兩個檔案下載到這個資料夾中：

```
$ wget http://bit.ly/2vESNuc -O files/helloworld.js
$ wget http://bit.ly/2vVvT18 -O files/helloworld.conf
```

然後建立任務設定檔，在遠端環境上執行複製檔案的動作。打開 `tasks/main.yml`，然後在開頭的三個破折號與註解底下，增加如下的內容：

```
- name: Copying the application file
  copy:
    src: helloworld.js
    dest: /home/ec2-user/
    owner: ec2-user
    group: ec2-user
    mode: 0644
  notify: restart helloworld
```

在這邊我們利用了說明文件（http://bit.ly/1WBv08E）中提到的 copy 模組功能，將應用服務的檔案複製到「ec2-user 帳號的家目錄」底下。而在對 copy 的呼叫執行最後「我們加上了一行 notify 參數」（這邊請注意 notify 這行的宣告與 copy 模組之間的縮排問題）。所謂的 notify 是一種可以加在「腳本中所有任務項目區塊尾端」的觸發動作。在上面這個範例中，我們用它來告訴 Ansible「在 helloworld.js 這個檔案有所更動之後，要重啟 helloworld 服務」（至於要如何重啟 helloworld 應用服務，則是稍後會在另一個檔案中定義）。

CloudFormation 與 Ansible 之間最大的不同點，就是 Ansible 在設計上是「可以在系統上重複執行多次的」。因此 Ansible 內建的許多功能，也都是預設在「你的 EC2 實體會持續長時間運作」的前提上。所以像 notify 這類參數就很適合用在「當系統狀態有所變化時」的觸發事件。而根據類似的概念，當 Ansible 遇到錯誤時也會停下執行的腳步，以免異常持續擴大或不可收拾。

在我們複製好應用服務的檔案後，接著就要複製第二個檔案，也就是啟動用的指令檔。在前面複製完 helloworld.js 檔案之後，底下緊接著增加下面這段呼叫：

```
- name: Copying the upstart file
  copy:
    src: helloworld.conf
    dest: /etc/init/helloworld.conf
    owner: root
    group: root
    mode: 0644
```

最後一項需要執行的任務就是啟動服務，這邊我們要使用 service 模組。這個模組的說明文件請見 http://bit.ly/22I7QNH：

```
- name: Starting the HelloWorld node service
  service:
    name: helloworld
    state: started
```

這下就完成任務設定檔的準備了，應該看起來會跟這份相似：http://bit.ly/2uPlJTk。

完成任務設定檔後，接著準備下一個需要的檔案，也就是告訴 Ansible「當任務裡面的 notify 參數被觸發時，要怎樣才能重啟 helloworld 服務」。這類互動的動作要定義在角色當中的 handler，所以開啟 handlers/main.yml 檔案的編輯。這邊一樣要用到 service 模組，找到底下這段註解：

```
---
# handlers file for helloworld
```

然後在 main.yml 中增加這些內容：

```
- name: restart helloworld
  service:
    name: helloworld
    state: restarted
```

由於我們先前已經用過這個模組來管理服務，所以這邊一樣沿用這個模組的管理方式。距離設定完成角色還需要一個步驟，因為這個角色要能運作的前提是「Node.js 要先安裝好」。Ansible 的角色之間有「可以設定相依性關係的概念」存在，我們只需要告訴 helloworld 這個角色「需要相依於先前建立的 nodejs 角色」就好。這樣一來，就算 helloworld 角色被執行了，它也會先呼叫 nodejs 這個角色執行任務，然後安裝運行應用服務所需的功能。

接著打開 meta/main.yml 這個檔案。這個檔案分為兩個部份：第一個以 galaxy_info 開頭的部份可以讓你寫下「關於這組開發好的角色設定檔資訊」。如果你想要的話，還可以將角色設定發表到 GitHub 上，提供給 ansible-galaxy 跟 Ansible 社群，分享你的工作成果。第二個則是檔案尾端寫著 **dependencies** 的部份，而這就是我們需要確保「nodejs 安裝先於應用服務啟動」的設定部份。先將中括弧（[]）刪除掉，然後改成底下這段來呼叫 nodejs 角色：

```
dependencies:
  - nodejs
```

完成後檔案內容應該會跟這份相似：http://bit.ly/2uOUyry。這樣我們就完成了對角色的設定開發。從建立完善說明文件的原則來看，此時最好可以在 README.md 檔中寫入一些說明。接下來就可以開始建立腳本設定檔，並使用這些新產生的角色了。

## 建立腳本檔

請先回到 Ansible 版本庫的最上層（從 helloworld 角色設定檔資料夾再往上兩層）現在我們要新增一個 helloworld.yml 的檔案，在裡面寫入如下內容：

```
---
- hosts: "{{ target | default('localhost') }}"
  become: yes
  roles:
    - helloworld
```

這邊就只是告訴 Ansible「在 target 這個變數中列出的遠端伺服器上」執行 helloworld 這個角色的任務。如果 target 變數沒有被定義，就改在 localhost 上執行。而 become 這個參數則是告訴 Ansible「要用更高的權限來執行角色任務」（我們在這邊使用 sudo）。到此為止你的 Ansible 版本庫應該會看起來像這樣：http://bit.ly/2uPkROD。接著就能測試腳本了。

謹記一件事情，當開發的規模越大，roles 欄位底下可能會有越多個角色呼叫。如果要在目標環境上部署多個應用服務或是系統服務，通常腳本看起來會像下面這樣，而後續的章節中，我們還會再看到更多類似範例：

```
---
- hosts: webservers
  roles:
    - foo
    - bar
    - baz
```

## 執行腳本

雖然只要呼叫 ansible-playbook 指令就可以執行腳本了，但這個指令也會用到我們先前寫過的同一份 Ansible 設定檔，因此同樣要在 Ansible 版本庫的目錄頂層執行這項指令。指令的語法如下所示：

```
ansible-playbook <腳本檔案名稱 .yml> [ 參數 ]
```

首先執行底下這條指令（你可能會需要修改 private-key 參數的內容）：

```
$ ansible-playbook helloworld.yml \
    --private-key ~/.ssh/EffectiveDevOpsAWS.pem \
    -e target=ec2 \
    --list-hosts
```

其中 -e（--extra-vars）這個參數可以讓我們在執行時傳入一些額外的參數。像在這份範例當中需要定義 target 這個變數（也就是在腳本檔中需要宣告的目標環境）為 ec2 這個值，所以這個 ansible-playbook 指令會告訴 Ansible 找出所有 EC2 實體。而 --list-hosts 參數則會讓 Ansible 回傳所有符合的伺服器列表，但不會真的在這些伺服器進行操作。輸出的結果應該會類似如下所示：

```
playbook: helloworld.yml
  play #1 (ec2): ec2 TAGS: []
    pattern: [u'ec2']
    hosts (1):
        18.206.223.199
```

使用 --list-hosts 參數是個對伺服器清單「先進行確認」的好方法，而且隨著「腳本」跟「要操作的目標環境」越多越複雜，最好能先確認會在哪些目標環境上執行這份腳本，這樣才不會跟你預期的執行目標有所差距。

而既然我們已經知道哪些伺服器會被影響到，就乾脆直接指定在 target 參數裡面好了。所以接下來就要確認「執行這份腳本的話」會發生什麼事情。在 ansible-playbook 指令當中有個 -C（--check）參數可以讓你先行確認這份腳本會做出的變更：

```
$ ansible-playbook helloworld.yml \
    --private-key ~/.ssh/EffectiveDevOpsAWS.pem \
    -e target=18.206.223.199 \
    --check
PLAY [18.206.223.199] *************************************************
*********************************************************************
*******************

TASK [Gathering Facts] ***********************************************
*********************************************************************
*******************
ok: [18.206.223.199]

TASK [nodejs : Installing node and npm] *****************************
*********************************************************************
*******************
changed: [18.206.223.199] => (item=[u'nodejs', u'npm'])

TASK [helloworld : Copying the application file] ********************
*********************************************************************
*******************
changed: [18.206.223.199]

TASK [helloworld : Copying the upstart file] ***********************
*********************************************************************
```

```
********************
changed: [18.206.223.199]

TASK [helloWorld : Starting the HelloWorld node service] ******************
********************************************************************************
********************
changed: [18.206.223.199]

RUNNING HANDLER [helloworld : restart helloworld] ************************
********************************************************************************
********************
changed: [18.206.223.199]

PLAY RECAP *********************************************************************
********************************************************************************
********************
18.206.223.199 : ok=6 changed=5 unreachable=0 failed=0
```

執行上面這條指令會讓腳本進入預演（dry-run）模式。透過這個模式我們就能確保任務都可以被執行無誤，而因為這只是預演模式，所以有些模組沒有辦法被模擬出執行的結果，因此有時你會在最後看到出現一串「服務啟動失敗」的錯誤訊息。如果看到這串錯誤訊息，不用擔心，在正式模式中是會正常啟動的。在確認過執行日標與程式碼皆無誤之後，終於可以正式執行 ansible-playbook，將變更套用上去：

```
$ ansible-playbook helloworld.yml \
    --private-key ~/.ssh/EffectiveDevOpsAWS.pem \
    -e target=18.206.223.199
```

指令的輸出內容跟使用 --check 參數時的結果差不多，只是這次是來真的了。執行完成後，我們的應用服務也應該安裝設定好了，可以驗證一下是否真的有正確運作：

```
$ curl 18.206.223.199:3000
Hello World
```

這樣一來我們就成功以 Ansible 達成跟先前 CloudFormation 一樣的作業了。現在第一份腳本已經完成測試，準備把變更送上版本庫吧。這次簽入我們「分成兩次進行」，以便區分「版本庫的初始狀態」以及「對角色的新增」。回到 Ansible 版本庫的目錄頂層，然後執行以下的指令：

```
$ git add ansible.cfg ec2.ini ec2.py
$ git commit -m "Configuring ansible to work with EC2"
$ git add roles helloworld.yml
$ git commit -m "Adding role for nodejs and helloworld"
$ git push
```

## 先行測試你的變更

使用 Ansible 來管理服務的其中一個好處，就是可以輕鬆修改程式，然後快速將變更套用上去。但當 Ansible 所要管理的服務「規模比較龐雜」的時候，你可能會想要先將這些變更套用到「其中一台伺服器」上就好，以便讓你確認這些變更的正確性，而這通常被稱為 **先行測試（canary testing）**。但如果使用 Ansible 的話，進行先行測試就沒這麼麻煩。為了進行說明，我們先打開 roles/helloworld/files/helloworld.js，然後把第 11 行處 response 回覆的內容 Hello Wolrd 修改為 Hello World, Welcome again：

```
// Send the response body as "Hello World"
response.end('Hello World, Welcome again\n');
}).listen(3000);
```

改好之後存檔，然後再用 --check 參數執行一次 ansible-playbook：

```
$ ansible-playbook helloworld.yml \
    --private-key ~/.ssh/EffectiveDevOpsAWS.pem \
    -e target=18.206.223.199 \
    --check
```

這次 Ansible 只有發現兩處變更：一處是「對應用服務檔案的覆寫」，另外一處就是「執行 notify 的觸發動作」，也就是要把應用服務「重啟」的意思。在確認過這些變更無誤之後，我們就可以拿掉 --check 參數直接執行腳本了：

```
$ ansible-playbook helloworld.yml \
    --private-key ~/.ssh/EffectiveDevOpsAWS.pem \
    -e target=18.206.223.199
```

輸出的內容跟前一條指令的結果大同小異，只是這次會真的把變更套用上去：

```
$ curl 18.206.223.199:3000
Hello World, Welcome again
```

就算這次僅僅只是一個簡單的變更，但如果是使用 CloudFormation 模板更新的話，就要先用 CloudFormation 建立一個新的 EC2 實體，才能先行測試。而 Ansible 這邊只是更新了應用服務的程式碼，然後透過 Ansible 推送到目標環境上面。接著就可以把這次對本地端的修改從 Git 還原回來了：

```
$ git checkout roles/helloworld/files/helloworld.js
```

但這份對 EC2 實體的變更會在我們介紹完另一個概念，也就是如何以「非同步的方式」執行 Ansible 之後才撤下。

**越快越好**

可以用更短的時間來套用變更，聽起來好像沒什麼了不起的，但這其實相當重要。因為時間就是金錢，尤其對新創事業與新技術來說，更是成功與否的分水嶺。不用花上數天，而是能夠在數分鐘之內部署出一台新的伺服器，就是構成雲端服務的一個要素。同樣地，本書後續會介紹「近幾年流行的容器（container）觀念」，一樣是出於這種需求。因為你可以在短短數秒之內就將一個新的容器運行起來，而不是花上數分鐘來啟動一台虛擬機器。

# 被動拉取模式的 Ansible 機制

能夠像先前這樣「持續進行變更」是一件非常重要的事情。我們可以輕易將同步過的程式碼「主動推送出去」並「驗證 Ansible 的執行是否會成功」。而當你面對更龐大的規模，要同時對一整批的伺服器進行變更，但又要像範例這樣輕鬆寫意的話，有時就不是那麼簡單的事情了。因為你可能會只把變更套用到一部分的環境上，但卻忘記「其他環境上」可能也會用到你剛剛修改過的角色，而這層風險只能靠你自己來管理。否則，很快地，這些越來越多「對 Ansible 設定版本庫以及對線上伺服器」的變更，反而會讓 Ansible 變成一項潛藏危機的作業。為此，通常會建議採用「被動模式」來自動將變更同步。這不是一個非黑即白的選擇題，你可以同時採用「主動推送」與「被動拉取」兩項機制來部署變更。在 Ansible 當中也有提供 ansible-pull 指令工具，就如指令本身的字面意思一樣，你可以用「被動拉取的模式」來運行 Ansible。這個 ansible-pull 指令跟 ansible-playbook 的使用方式類似，只是它是直接使用你的 GitHub 版本庫。

# 在 EC2 實體上安裝 Git 與 Ansible

既然我們要在遠端環境上執行 Ansible 與 Git 的話，當然首先就要在 EC2 實體上安裝相關的套件包。我們先用手動的方式來安裝這兩者就好，在本章節稍後會再來解決這個步驟「無法被重複利用」的問題。不過既然都已經有了 Ansible 這套「適合用於遠端執行指令」的工具，而且也有模組可以用於管理大多數「包括安裝套件包在內」所需的指令，那麼我們就不用親自透過 ssh 登入到遠端環境上再執行指令，我們只要利用 Ansible 來將這些變更推送上去就好。我們先從 Epel 的 yum 版本庫中安裝 Git，然後再用 pip 安裝 Ansible。這會需要你以 root 權限身份來執行指令，所以要靠 become 參數的協助。請將底下的指令內容修改為「你的 EC2 實體 IP 網路位址」之後執行：

```
$ ansible '18.206.223.199' \
    --private-key ~/.ssh/EffectiveDevOpsAWS.pem \
    --become \
    -m yum -a 'name=git enablerepo=epel state=installed'

$ ansible '18.206.223.199' \
    --private-key ~/.ssh/EffectiveDevOpsAWS.pem \
    --become \
    -m yum -a 'name=ansible enablerepo=epel state=installed'
```

既然要使用 ansible-pull，那就是要直接在遠端環境上「就地套用變更」，我們需要修改 Ansible 版本庫裡面的設定來進行這項作業。

## 將 Ansible 設定為針對 localhost 目標執行

既然 ansible-pull 的機制是透過 Git「把版本庫複製到遠端環境的本地端」然後再執行，這部份我們就不需要透過 ssh 來連線了。回到你的 Ansible 版本庫目錄頂層，然後增加一個新的檔案。把檔案取名為 localhost，寫入底下的內容：

```
[localhost]
localhost ansible_connection=local
```

換句話說，我們所做的事情是建立了一個靜態的伺服器清單檔，然後告訴 ansible「以 localhost 為目標」在本地端執行指令（本來是透過 SSH 連線）。將修改後的檔案存檔，把這份新檔案簽入到 GitHub 上面：

```
$ git add localhost
$ git commit -m "Adding localhost inventory"
$ git push
```

## 在 EC2 實體上增加定時排程工作

現在要增加一項定時排程工作（crontab entry）定期去呼叫 ansible-pull。我們一樣透過 Ansible 在遠端環境上設定這項排程。請修改底下指令中的 IP 網路位址後執行：

```
$ ansible '18.206.223.199' \
    --private-key ~/.ssh/EffectiveDevOpsAWS.pem \
    -m cron -a 'name=ansible-pull minute="*/10" job="/usr/local/bin/
    ansible-pull -U https://github.com/< 你的使用者名稱 >/ansible helloworld
    .yml -i localhost --sleep 60"'
```

在上面這條指令中，我們告訴 Ansible 要在這台 ec2 實體上使用 cron 模組。然後透過 Ansible 的「name 參數」給這份排程工作指定一個名稱。接著指定 cron 每 10 分鐘要執行一次作業。最後則是用來執行的指令以及指令的參數。我們給 ansible-pull 的參數則是「連向 GitHub 版本庫的 URL 網址」、我們新增到版本庫的「清單檔名稱」，然後等指令的呼叫發生之後，隨機等待「1 到 60 秒」再開始執行。最後的動作是為了分散網路流量，以免在多台伺服器的情境下，所有節點上的服務「擠在同一個時間點」進行重啟。等待一陣子之後，我們就可以確認變更是否生效了：

```
$ curl 18.206.223.199:3000
Hello World
```

在我們把透過 CloudFormation 產生的 EC2 實體與 Ansible 整合起來後，終於可以組成一套完整的流程了。

## 將 Ansible 與 CloudFormation 整合起來

要結合 Ansible 與 CloudFormation 有很多種方式，不過在本書中只會介紹一種。我們要利用 UserData 這個欄位，然後透過 ansible-pull 指令進行 Ansible 的初始化。

首 先 從 本 章 先 前 建 立 的 Troposphere 指 令 檔 開 始，複 製 一 份，然 後 重 新 命 名 為 ansiblebase-cf-template.py 的新指令檔。

回到模板的版本庫中，然後依照如下步驟將「舊的模板產生檔」複製一份：

```
$ cd EffectiveDevOpsTemplates
$ cp helloworld-cf-template.py ansiblebase-cf-template.py
```

然後用純文字編輯器打開 ansiblebase-cf-template.py 指令檔。為了保持指令檔的可讀性，這邊要先定義一些變數。在應用服務網路埠的宣告前面，加上對應用服務名稱的宣告：

```
ApplicationName = "helloworld"
ApplicationPort = "3000"
```

然後還要加上一些跟 GitHub 有關的常數（constant）資訊。請將下面 GithubAccount 的值替換為「你的 GitHub 使用者帳號名稱」或是「GitHub 組織名稱」：

```
ApplicationPort = "3000"

GithubAccount = "EffectiveDevOpsWithAWS"
GithubAnsibleURL = "https://github.com/{}/ansible".format(GithubAccount)
```

緊接著，在 GithubAnsibleURL 的宣告之後，我們還要新增一個變數，用來寫入執行的指令，以便透過 Ansible 設定遠端環境。這邊要呼叫 ansible-pull，然後使用剛剛宣告好的 GithubAnsibleURL 與 ApplicationName 變數，如下所示：

```
AnsiblePullCmd = \
    "/usr/local/bin/ansible-pull -U {} {}.yml -i localhost".format(
        GithubAnsibleURL,
        ApplicationName
    )
```

接下來就可以更新 UserData 的部份了。原先安裝 Node.js、下載應用服務程式，以及啟動服務的動作內容，這次要改為安裝 git 與 ansible、執行 AnsiblePullCmd 變數裡面的指令內容，然後建立一個「每 10 分鐘重新執行這份指令」的排程工作。把先前 ud 變數的宣告刪除，然後改為下面的內容：

```
ud = Base64(Join('\n', [
    "#!/bin/bash",
    "yum install --enablerepo=epel -y git",
    "pip install ansible",
    AnsiblePullCmd,
    "echo '*/10 * * * * {}' > /etc/cron.d/ansiblepull".format(AnsiblePullCmd)
]))
```

修改後，存檔，然後用這份新的指令檔「產生 JSON 格式的模板檔」進行測試。新的指令檔內容應該看起來會類似這個：http://bit.ly/2vZtvGD。

```
$ python ansiblebase-cf-template.py > ansiblebase.template
$ aws cloudformation update-stack \
    --stack-name ansible \
    --template-body file://ansiblebase.template \
    --parameters ParameterKey=KeyPair,ParameterValue=EffectiveDevOpsAWS
{
    "StackId": "arn:aws:cloudformation:useast-1:511912822958:stack/
HelloWorld/ef2c3250-6428-11e7-a67b-50d501eed2b3"
}
```

除了更新 ansible 堆疊之外，你也可以自行建立一個新堆疊。比方說，新增一個名為 helloworld 的堆疊，這樣的話就改為「執行底下的指令」建立新的堆疊：

```
$ aws cloudformation create-stack \
    --stack-name helloworld \
    --template-body file://ansiblebase.template \
    --parameters ParameterKey=KeyPair,ParameterValue=EffectiveDevOpsAWS
{
```

```
    "StackId": "arn:aws:cloudformation:us-east-1:094507990803:stack/
helloworld/5959e7c0-9c6e-11e8-b47f-50d5cd26c2d2"
}
```

然後等待執行完畢：

```
$ aws cloudformation wait stack-create-complete \
    --stack-name HelloWorld
```

等堆疊建立好後，就可以對 CloudFormation 查詢「輸出欄位內容中」顯示的公開網路
IP 位址：

```
$ aws cloudformation describe-stacks \
    --stack-name HelloWorld \
    --query 'Stacks[0].Outputs[0]'
{
    "Description": "Public IP of our instance.",
    "OutputKey": "InstancePublicIp",
    "OutputValue": "35.174.138.51"
}
```

最後，對伺服器「是否有正確啟動與運行」進行驗證：

```
$ curl 35.174.138.51:3000
Hello World
```

確認完就可以把剛剛新修改完的 troposphere 指令檔簽入 EffectiveDevOpsAWS 的版本
庫了：

```
$ git add ansiblebase-cf-template.py
$ git commit -m "Adding a Troposphere script to create a stack that relies
on Ansible to manage our application"
$ gil push
```

這樣就是一份「以程式化方式管理基礎設施」的完整解決方案了。雖然本書在講解時使
用了較單純的範例，但這套管理方式即使面對「更大規模的基礎設施、更大量的服務項
目」也能通用。本章至此已近尾聲，是時候開始刪除這些堆疊，並將先前使用的資源釋
放出來。在本章節稍早的內容中，我們是透過網頁介面來進行刪除。所以，沒錯，就像
你現在應該會想到的一樣，這個動作也可以透過指令列介面輕易執行：

```
$ aws cloudformation delete-stack --stack-name ansible
```

如果你在範例過程中是選擇「建立一組新的 helloworld 堆疊」，那就還要再另外執行
如下的指令來移除它：

```
$ aws cloudformation delete-stack --stack-name helloworld
```

# 執行監控

如果你還記得的話，在引入 DevOps 文化的單位中「將一切都納入監控與量化」是非常重要的。網路上已經有許多優秀的部落格文章與範例，可以指導你如何以有效率的方式對 CloudFormation 與 Ansible 進行監控。在監控 CloudFormation 方面，你可以訂閱建立堆疊時的 SNS 訊息，接收所有堆疊生命週期中相關的事件資訊，這很適合用來確認「在 CloudFormation 建立堆疊時」出現的錯誤問題。至於 Ansible 則有一套回呼（callback）的機制，可以將 Ansible 的執行過程包裝為一連串的自動化流程。與 CloudFormation 相同，當你的 Ansible 設定檔出現錯誤，導致 Ansible 的執行過程異常時，獲取這些通知資訊也很重要（尤其「當 Ansible 在被動拉取模式的情境下運行時」更是如此）。

# 小結

在本章節中，我們學到了如何以「高效率的方式」來用程式化的方法管理基礎設施。首先介紹了 AWS 雲端服務平台上的 CloudFormation 服務項目，你可以將各種服務化為模板檔，在模板檔中描述「任何要使用的 AWS 元件」並進行設定。為了讓模板檔的產生更加簡單，我們介紹了兩種方法：第一個是「以圖形化使用者介面為主」的 CloudFormation 規劃工具 Designer；第二個則是 Python 函式庫的 Troposphere。接著我們介紹了組態管理的概念，這是在 DevOps 的文化哲學中最為普及的一項觀念。為了說明這項觀念，我們介紹了在這些組態管理方案中「最受歡迎的 Ansible」。先是告訴你如何使用 Ansible 指令，並且展示了一些適用於基礎設施管理的指令使用方式。然後說明如何建立一份腳本，腳本可以讓我們規劃「部署網頁伺服器的所有步驟」。最後是如何「在被動拉取模式的情境下」使用 Ansible 機制，因為這種機制更適合用來管理大規模的基礎設施。

這樣就有一套完善的線上環境可供我們安裝應用服務，而且也知道如何修改這個環境的設定並進行監控。在「第 4 章，持續整合與持續部署」當中，我們要繼續探討 CloudFormation 與 Ansible 的使用，但這次重點在於軟體的推送過程，因為我們將會說明如何引入持續整合測試與持續部署。

# 課後複習

1. 什麼是「基礎設施程式化」？

2. 要怎麼使用「AWS CloudFormation 的管理主控台介面」部署「Hello World 這類單純的應用服務」？

3. 請列舉一些知名的原始碼版本管控服務。使用 GitHub 來進行原始碼版本管控有什麼好處？

4. 請試著在本地端電腦上安裝 Git 套件包、下載在之前範例中建立的 GitHub 版本庫，然後將 helloworld-cf.template 推送到 GitHub 版本庫中。

5. Ansible 是什麼？請列舉它的一些重要特色。

# 延伸閱讀

更多關於本章主題的資訊請參考下列資源：

- AWS CloudFormation 參 考 資 料：https://console.aws.amazon.com/cloudformation

- 用於建立 AWS CloudFormation 模板的「Python 函式庫 Troposphere」參考資料：https://github.com/cloudtools/troposphere

- 組態管理工具 Ansible 參考資料：https://docs.ansible.com/ansible

# 4

# 持續整合與持續部署

在前一個章節中，我們都專注在「如何建立與管理基礎設施」上，但 DevOps 文化可不僅限於此。在「第 1 章，雲端服務與 DevOps 革新」當中曾提到過 DevOps 文化的要素也包含「如何有效率地進行測試與部署」。在 2009 年的 Velocity 論壇上，John Allspaw 與 Paul Hammond 發表了一篇令人眼睛為之一亮的演講，內容是關於 Flickr 如何在一天之內就進行了十多次部署（http://bit.ly/292ASlW）。這篇發表普遍被認為是 DevOps 運動的一個轉捩點。在這份演講中，John 與 Paul 兩人說明了開發與維運之間的兩難，但也舉出「數則最佳實務原則」，讓 Flickr 可以在一天之內就數度將「新開發的程式」部署到線上正式環境。

在虛擬化（virtualization）、公有私有雲（public and private cloud）以及自動化作業（automation）等創新技術的幫助下，新創事業的起步從未如此輕鬆過。也正因如此，「如何從同業之間脫穎而出」成了現在這些公司真正要面臨的重大挑戰，能否比其他競爭者們「進步得更快」則決定了這些事業的成功與否。因此，引進高效 DevOps 文化的企業組織會使用一系列的工具與策略，提高「開發單位部署新版程式到正式環境」的速度。這也是本章節內容的重點所在。

本書第四章的內容將先介紹一種**持續整合（CI，Continuous Integration）**流水線。這條持續整合流水線可以讓我們持續「在程式碼出現變更時」自動進行測試，將原本開發者與品管單位「耗用在人工進行測試上的工作時間」解放出來，也讓整合程式變更的作業輕鬆許多。而為了建立這條流水線，我們會用到 GitHub 以及一項廣為採用的整合工具：**Jenkins**。

然後我們會介紹如何建立一條**持續部署**（**CD**，**Continuous Deployment**）流水線。一旦程式通過「持續整合流水線」之後，就可以用「持續部署流水線」將這份新開發好的程式自動部署上去。這裡需要用到兩項 AWS 雲端服務平台的服務項目：**AWS CodeDeploy** 以及 **AWS CodePipeline**。透過 CodeDeploy，我們可以定義「在 EC2 實體上」部署這份程式的方式，而透過 CodePipeline，則可以決定部署這份應用服務的「整段流程細節」。

之後我們還要再加上一個額外的步驟，提供正式環境的部署決定權給維運人員，用一個動作就可以將目前最新的版本部署到線上正式環境去。這種以主動模式來部署程式的方式稱作**持續交付**（**Continuous Delivery**），好處是可以讓負責部署的人員能「在真正部署到正式環境前」，對測試環境（staging environment）上的版本進行驗證。在本章的尾聲，我們還會介紹幾種在採用迅捷開發的組織中，常會用來「將持續交付轉換為持續部署流水線」的技術與策略，以便讓整段「將程式部署到正式環境的過程」真正實現自動化：

- 建立持續整合流水線
- 建立持續部署流水線

# 建立持續整合流水線

原本建立持續整合環境的用意在於讓開發者「可以更常將程式碼的變更簽入到版本庫當中」（而不是需要「另外開一條分支版本庫」或是「久久幾週才簽入一次」）。這能讓工作情形更加透明化，而且也能促進溝通，避免俗稱**「整合地獄」**（Integration Hell）的整合問題。但是當用於原始碼管控、組建以及組態管理等項目的工具越發成熟，世人對程式整合的觀點也出現了不同的想像。

如今大多數引入迅捷開發的單位會使用「更為先進的開發流程」，使得整合的工作在流程中被提前而且也更頻繁。而現在開發者們也常被要求「在開發程式時」，要相對編寫各種測試來「驗證這些變更」，因此程式缺失更容易被發現，每次整合所進行的變更量也減少了，於是對整體生產的貢獻度便大幅上升。

以採用如 Git 的原始碼管控工具為例，如果要引進這類工作流程，可以依照以下方式規劃：

1. 如果你是開發者，進行修改之前的第一件事，應該是從 Git 主版本庫的 HEAD 版本「建立一個新的分支版本庫」。

2. 進行程式修改，然後同時編寫「各種相對應的測試項目」來驗證你的變更。

3. 在本地端環境進行測試。

4. 當完成修改後，將「版本庫」與「其他開發者進行的變更」整合起來。必要的話，處理版本衝突（conflicts）並重新進行測試。

5. 當上述處理都準備好後，下一步應該要先發出更新請求（pull request）。這個動作是用來「通知其他開發者」你的變更需要被審核。

6. 一旦更新請求發出後，自動測試系統（如本章中介紹的）會將變更同步，然後執行整套測試項目，以確認沒有異常。

7. 而其他有在關注你工作進度的同仁也可以審核你的程式，然後在分支版本庫中加進一些其他的測試項目。如果沒人對你的變更有意見，就可以批准通過，告訴開發者「可以將變更整合進去了」。

8. 最後開發者「將這份更新請求的變更」整合進去，換句話說，就是整合新開發好的程式碼並對主版本庫進行測試。而之後其他開發者要進行整合或建立新的分支版本庫時，自然就會將這份變更整合在內了。

在接下來的章節內容中，我們會利用 GitHub 並在 EC2 實體上運行 Jenkins 來「建立一台持續整合伺服器」。

專案規模越大，「測試的項目」以及「花費在進行測試的時間」就越多。雖然某些像是 Bazel（https://bazel.build/）之類的專業組建系統可以「只對特定變更」執行相關的測試項目，但比較簡單的作法是，先建立一個「隨著每次更新請求發出後」就執行所有測試項目的「單純持續整合系統」。對那些不想等上數分鐘甚至數小時才能看到所有測試結果的開發者來說，AWS 雲端服務平台這種「擁有彈性擴展能力」的外部測試基礎設施服務，可以幫忙省下很多時間。本書的範例僅止於網頁應用服務的開發，但實際上，在針對特定硬體或作業系統開發軟體時要面對的情境會更加複雜。因此擁有一個完善的持續整合系統能幫助你「針對最終要運行的目標硬體或軟體環境」進行測試。

# 用 Ansible 與 CloudFormation 建立 Jenkins 伺服器

如前所述，我們要利用 Jenkins 作為持續整合流水線的核心系統。在經過十年發展之後，Jenkins 作為持續整合的首選開源（open-source）方案已有很長一段時間了。其最為知名的當屬豐富的外掛（plugin）生態，再加上 Jenkins 最近才剛發佈了一項重大更新（也就是 Jenkins 2.x 版本）。當中包含了數項「以 DevOps 核心精神為設計」的重要功能項目，像是能夠自主建立的交付流水線，以及擁有版本管控的功能，也可以與 GitHub 這類原始碼管控系統「更好地整合在一起」。因此本書選擇採用這項方案。

接下來我們會繼續沿用在「第 3 章，基礎設施程式化」中同樣的方式，以 **Ansible** 與 **CloudFormation** 來管理這台 Jenkins 伺服器。

## 建立 Jenkins 的 Ansible 腳本

首先，請跳進 ansible/roles 的目錄底下：

```
$ cd ansible/roles
```

在這底下你應該會看到於「第 3 章，基礎設施程式化」中產生的 helloworld 以及 nodejs 設定資料夾。接著我們要用 ansible-galaxy 指令產生用於 Jenkins 的角色：

```
$ ansible-galaxy init jenkins
```

然後編輯 jenkins/taks/main.yml 檔，給這個新產生的角色寫入任務（task）宣告。用你習慣的純文字編輯器開啟這份檔案。

任務的主要目標是安裝並啟動 Jenkins。為此我們需要一台以 Linux 平台為主的作業系統（像我們這邊是使用 AWS 提供的 Amazon 版本 Linux），然後透過 yum 指令安裝 RPM 格式套件包。Jenkins 本身有提供 yum 版本庫，所以第一步就是將這個版本庫引入我們的 yum 版本庫設定中，也就是在 /etc/yum.repos.d 底下增加一個設定檔：

請在任務檔開頭的註解下方，加上以下內容：

```
- name: Add Jenkins repository
  shell: wget -O /etc/yum.repos.d/jenkins.repo
https://pkg.jenkins.io/redhat/jenkins.repo
```

下一步則是引入版本庫的 GPG 金鑰。在 Ansible 當中也有模組可以協助我們管理這類金鑰：

```
- name: Import Jenkins GPG key
  rpm_key:
    state: present
    key: https://pkg.jenkins.io/redhat/jenkins.io.key
```

然後我們就能使用 yum 來安裝 Jenkins 了。請用以下方式進行指令呼叫的設定：

```
- name: Install Jenkins
  yum:
    name: jenkins-2.99
    enablerepo: jenkins
    state: present
```

但由於預設上 jenkins 所在的版本庫處於停用狀態，因此我們要在執行 yum 指令時，先透過 enablerepo 這個參數啟用它。

這樣就可以完成 Jenkins 的安裝了。但以最佳實務的觀點來說，最好是能夠指定要安裝的 Jenkins 版本（這邊選擇安裝 2.99 版本）。此外我們還想要在安裝完後就啟動服務，並且還是以 chkconfig 層級啟動，這樣要是這台裝有 jenkins 的 EC2 實體重啟了，Jenkins 服務也就會自動跟著重新啟動。以上的動作都可以透過 service 模組完成，請在前面對 yum 的呼叫之後增加以下內容：

```
- name: Start Jenkins
  service:
    name: jenkins
    enabled: yes
    state: started
```

以上就是這個單純的「Jenkins 角色設定檔」的全部內容。

> 當熟悉 Jenkins 與 Ansible 之後，在網路上研究 Ansible galaxy 時會找到一些更進階的角色設定檔，讓你可以進一步設定 Jenkins 的細節、建立工作項目，甚至選擇要安裝的外掛功能。這是讓你跨出本書範疇的重要一步，但請注意整體系統還是要保持程式化的架構。此外在本章節中，我們都是以 HTTP 連線使用 Jenkins，但這邊強烈建議你應該採用 HTTPS 這類加密協定，或 VPN 私有子網路連線方式（a private subnet with a VPN connection）。

在建立好「用於安裝 jenkins」的角色之後，接著我們要增加一台新的 EC2 實體，將 Jenkins 安裝在上面，最終的目標是在實體上對 nodejs 的程式進行測試。為此我們要在這台 Jenkins 伺服器上再安裝 node 與 npm。

這邊有兩種方法：一種是將先前的 nodejs 角色加到 jenkins 角色的相依性關係（dependency）中，就跟我們之前在 helloworld 角色裡面做的一樣。另外一種就是直接將 nodejs 角色加到腳本中。而由於 Jenkins 的運行其實跟 node 無關，這邊我們採用第二種方法。請回到 ansible 目錄的最頂層，建立一個新的腳本檔案，將檔案名稱取為 jenkins.yml，然後加入以下內容：

```
---
- hosts: "{{ target | default('localhost') }}"
  become: yes
  roles:
    - jenkins
    - nodejs
```

這樣就準備好需要的角色了。將這份新的角色檔簽入 GitHub 推送上去吧。而根據先前所說的最佳實務方式，簽入之前，請先建立一條新的分支版本庫：

```
$ git checkout -b jenkins
```

然後把檔案加進去：

```
$ git add jenkins.yml roles/jenkins
```

最後執行簽入並把變更推送（push）上去：

```
$ git commit -m "Adding a Jenkins playbook and role"
$ git push origin jenkins
```

接著在 GitHub 裡面發送一則更新請求，再把分支整合（merge）到主版本庫中，最後再用下面的指令切換回主版本庫：

```
$ git checkout master
$ git branch
    jenkins
  * master
$ git pull
```

實務上會建議你應該定期執行底下這條指令：

```
$ git pull
```

這樣才能與其他開發者推送上去的變更保持更新。

現在就可以來建立 CloudFormation 的模板檔，呼叫我們的角色上工了。

# 建立 CloudFormation 模板

為了跟我們在「第 3 章，基礎設施程式化」中看過的程式保持一致，這邊會從「第 3 章，基礎設施程式化」中修改過的 helloworld 這份 Troposphere 程式碼開始著手。首先要將 Python 的指令檔複製一份，因此請先跳進「存有 Troposphere 模板檔」的 EffectiveDevOpsTemplates 目錄下，然後把 ansiblebase-cf-template.py 檔案複製為一個新的：

```
$ cp ansiblebase-cf-template.py jenkins-cf-template.py
```

由於 Jenkins 伺服器需要跟 AWS 雲端服務平台進行互動，因此我們要利用 Troposphere 作者開發的另一個函式庫，建立實體身分檔（profile）（後續會進一步說明）。請按如下進行安裝：

```
$ pip install awacs
```

接著要來修改 jenkins-cf-template.py 的內容。首先要做的兩個修改是應用服務的名稱與網路埠。因為 Jenkins 在預設上是使用 TCP/8080 作為服務埠：

```
ApplicationName = "jenkins"
ApplicationPort = "8080"
```

這邊還要再加上一個關於 GitHub 資訊的常數。請將 GithubAccount 變數裡面的值替換為你自己的 GitHub 使用者帳號名稱或組織名稱。

我們還要增加一個實體的 IAM 帳號，這樣才能更細膩地管理「EC2 實體與 AWS 服務項目（像是其他 EC2）之間」的互動。先前在「第 2 章，部署第一個網頁應用服務」中曾經利用 IAM 服務項目來建立使用者帳號。你應該還記得除了可以建立使用者帳號外，還同時將「管理者權限」也指定給了使用者帳號，以便擁有對所有 AWS 服務項目的存取權。之後產生了一份我們用到現在的存取金鑰與密鑰，好讓我們可以用這個管理者權限的「使用者帳號身分」，與「CloudFormation 以及 EC2 之類的服務項目」互動。

而在使用 EC2 實體時，這個**實體身分檔（instance profile）**可以讓你指定要使用哪個 IAM 角色。換句話說，我們可以在「不使用存取金鑰與密鑰」的情況下，直接對 EC2 實體指定要套用的「IAM 權限」。

在後續「建立持續整合流水線」以及「整合 Jenkins 與 AWS 受管服務項目」時，這份實體身分檔會起到很大的作用。為此，我們要先引用一些額外的函式庫。在第一個 from troposphere import() 區塊下，再加入以下內容：

```
from troposphere.iam import (
    InstanceProfile,
    PolicyType as IAMPolicy,
    Role,
)

from awacs.aws import (
    Action,
    Allow,
    Policy,
    Principal,
    Statement,
)

from awacs.sts import AssumeRole
```

然後在「ud 變數的宣告」與「實體的建立動作」之間，我們要建立一個 Role 資源到模板檔當中：

```
t.add_resource(Role(
    "Role",
    AssumeRolePolicyDocument=Policy(
        Statement=[
            Statement(
                Effect=Allow,
                Action=[AssumeRole],
                Principal=Principal("Service", ["ec2.amazonaws.com"])
            )
        ]
    )
))
```

跟上面建立角色資源的方式類似，接著要建立實體身分檔，然後使用這個角色。在建立角色之後，緊接著加上以下內容：

```
t.add_resource(InstanceProfile(
    "InstanceProfile",
    Path="/",
    Roles=[Ref("Role")]
))
```

最後，修改對實體的宣告內容，使用這份新產生的實體身分檔。在 UserData=ud 的最後加上一個逗號，然後在下一行加上對 IamInstanceProfile 的宣告如下：

```
t.add_resource(ec2.Instance(
    "instance",
    ImageId="ami-cfe4b2b0",
    InstanceType="t2.micro",
    SecurityGroups=[Ref("SecurityGroup")],
    KeyName=Ref("KeyPair"),
    UserData=ud,
    IamInstanceProfile=Ref("InstanceProfile"),
))
```

最後檔案內容應該會看起來跟這份類似：http://bit.ly/2uDvyRi。接著就能將這些修改存檔，把這份新指令檔簽入 GitHub，然後產生 CloudFormation 的模板了：

```
$ git add jenkins-cf-template.py
$ git commit -m "Adding troposphere script to generate a Jenkins instance"
$ git push
$ python jenkins-cf-template.py > jenkins-cf.template
```

## 啟動堆疊並設定 Jenkins

為了建立運行 Jenkins 用的 EC2 實體，你可以用網頁介面或是像我們在「第 3 章，基礎設施程式化」中介紹的方法，透過指令列介面如下：

```
$ aws cloudformation create-stack \
    --capabilities CAPABILITY_IAM \
    --stack-name jenkins \
    --template-body file://jenkins-cf.template \
    --parameters ParameterKey=KeyPair,ParameterValue=EffectiveDevOpsAWS
```

跟之前一樣，可以用「等待指令」確認建立堆疊的執行是否完成：

```
$ aws cloudformation wait stack-create-complete \
    --stack-name jenkins
```

然後找出這台伺服器的對外公開 IP 網路位址：

```
$ aws cloudformation describe-stacks \
    --stack-name jenkins \
    --query 'Stacks[0].Outputs[0]'
{
    "Description": "Public IP of our instance.",
    "OutputKey": "InstancePublicIp",
    "OutputValue": "18.208.183.35"
}
```

由於這次的 **Ansible Jenkins** 角色檔相對單純，因此還要進行一些設定過程才能完成 Jenkins 的安裝。請依下列步驟進行：

1. 從瀏覽器以 8080 埠開啟 EC2 實體的公開 IP 網路位址（例如 http://18.208.183. 35:8080）。

2. 利用 ssh 指令（請記得修改 IP 網路位址的部份）可以連到「遠端執行指令」的功能，使用以下指令查詢 admin 權限的密碼，然後貼到上面第一個步驟中的設定畫面上：

```
$ ssh -i ~/.ssh/EffectiveDevOpsAWS.pem ec2-user@18.208.183.35 \
sudo cat /var/lib/jenkins/secrets/initialAdminPassword
```

3. 在下一個畫面中，選擇安裝 **suggested plugins**（安裝推薦的外掛程式）。

4. 下一個畫面，建立第一個管理員用戶，然後點擊 **Save and Finish**（保存並結束）。

5. 最後點擊 **Start using Jenkins**（開始使用 Jenkins）。

這樣就準備好我們的 EC2 實體 Jenkins 伺服器了。

# 準備持續整合環境

接下來我們要利用這台裝有 Jenkins 的 EC2 實體，結合 GitHub 來建立一條完善的持續整合流水線，讓 hellowolrd 應用服務再次重生。為此，先進行一些必要的步驟，第一個步驟就從建立「新的 GitHub 組織以及 helloworld 版本庫」開始。

# 建立新的 GitHub 組織與版本庫

我們現在要建立一個新的組織與版本庫，用於存放 helloworld 的 node 應用服務。請依照下列步驟建立「新的組織」，然後用跟「第 3 章，基礎設施程式化」一樣的步驟產生一個「新的版本庫」：

1. 從瀏覽器開啟 https://github.com/orgnizations/new 頁面。

2. 給組織一個名稱，這樣會在你的主 GitHub 帳號下新增一個不同帳號。

3. 輸入你的電子郵件信箱然後選擇使用免費方案。

4. 點擊 **Create organization**（建立組織）按鈕後以預設內容跳過後續兩個步驟。

5. 在新建立的組織帳號底下新開一個版本庫。

6. 給新的版本庫命名為「helloworld」。

7. 勾選 **Initialize this repository with a README**（用 **README** 檔來初始化版本庫）選項。

8. 最後點擊 **Create repository**（建立版本庫）按鈕。

這樣會建立一個版本庫、新增一條主分支版本庫，以及產生一份 README.md 檔案。

一條完善的持續整合流水線應該要讓人感覺不到它的存在。因此如果你把程式存放在 GitHub 上的話，那麼就需要在程式有所更動時「讓 Jenkins 可以從 GitHub 那邊收到通知」以便自動開始組建的流程。這部份靠著 github-organization-plugin 這個外掛功能便能輕易達成。而如果你在一開始安裝 Jenkins 選擇安裝「推薦的外掛程式」，這個功能就已經內建其中了。要使用這項功能，首先要在 GitHub 裡面產生一份個人存取金鑰（personal access token）。

## 建立 GitHub 個人存取金鑰

產生個人存取金鑰之後，就能讓這些外掛程式也可以存取「被推送到 GitHub 上的程式碼」，而且還能建立綁定關聯，在有「新的簽入」與「更新請求」發生時接收通知。請依照如下步驟產生金鑰：

1. 從瀏覽器開啟 https://github.com/settings/tokens 頁面。

2. 點擊 **Generate new token**（產生新的金鑰）。

3. 在說明欄位寫一下是「Effective DevOps with AWS Jenkins」用的。

4. 勾選適用範圍限定在 **repo**、**admin:repo_hook**、以及 **admin:org_hook**。

5. 點擊 **Generate token**（產生金鑰）。

6. 然後就會來到金鑰的主頁面。請把產生的金鑰保存下來，接下來的步驟中會使用到。

## 將存取金鑰加入 Jenkins 的憑證中

接著就能把這份金鑰加到 Jenkins 中了：

1. 開啟你的 Jenkins 管理頁面，以本範例來說是 http://18.208.183.35:8080。

2. 在左側的選單中點擊 **Credentials**（憑證），然後點擊其下方的 **System**（系統），再點選 **Global credentials**（全域憑證）。

3. 在旁邊的畫面中點擊 **Add credentials**（加入憑證）。

4. 我們要增加的憑證種類是屬於 **Username with password**（使用者名稱與密碼）。

5. 適用範圍是 **global**（**全域**）。

6. 請在使用者名稱處輸入你的 **GitHub 組織名稱**。

7. 然後在下一個欄位將**先前產生的金鑰**作為密碼輸入。

8. 在 **ID**（**識別名稱**）的地方可以輸入 GitHub 之類的名稱。

9. 還可以稍微在 **Description**（**描述**）加上一些說明，然後點擊 **OK**。

最後一個準備步驟則是要建立 Jenkins 的工作項目。

# 建立 Jenkins 工作項目進行自動組建

如先前所述，Jenkins 可以利用外掛功能跟 GitHub 整合，這部份只要透過建立 GitHub 工作項目就可以達成。請依照以下步驟操作：

1. 從瀏覽器開啟 Jenkins 的管理主頁面，進入 http://18.208.183.35:8080/ 之後點擊 **Create new jobs**（**建立新工作**）。

2. 在 **Enter an Item name**（**輸入項目名稱**）內輸入你的 GitHub 使用者名稱（或組織名稱），然後點擊 **Github Organization**（**Github 組織**），接著點擊 **OK**。

3. 在新出現的畫面中，可以在 **Projects**（**專案**）的區塊中進行關於專案的設定：

   I. 在 **Credentials**（**憑證**）的下拉式選單中，選擇剛剛新增的憑證。

   II. 請確認 **Owner**（**擁有者**）的內容是你方才用於建立工作項目時所輸入的使用者名稱（或組織名稱）。Jenkins 會用這個部份的值來尋找你所擁有的版本庫。

   III. 但因為我們只需要 helloworld 這個版本庫，因此請在 **Behaviors**（**行為模式**）區塊最下方點擊 **Add**（**添加**）按鈕後，選擇第一個寫著「**Filter by Name (with regular expression)**」（**以名稱篩選**（**使用正規表示式**））的選項。

   IV. 然後在新出現的 **Regular expression**（**正規表示式**）欄位中將「.*」取代為「helloworld」。在 **Discover branches**（**搜尋分支版本庫**）中選擇 **All branches**（**所有分支**）策略。然後往下拉，在同一頁的 **Scan Organization Triggers**（**掃描組織的時機**）欄位設定為 **1 minute**（**每 1 分鐘**）。

   V. 最後點擊 **Save**（**保存**）。

這會開始「建立工作項目」，並且「掃描專案目錄」，找出指定的分支版本庫。而因為我們還沒放入任何程式，也沒有作任何變更，因此被找到的當然就是裡面只有一份 README 檔案的 master 分支資料庫。所以接下來就是填補這份空白，把程式放進去，開發我們的 helloworld 應用服務。

# 在持續整合環境下開發 helloworld 應用服務

我們又要來看這個在「第 2 章，部署第一個網頁應用服務」中開發出來的 helloworld 應用服務了。這次的目標是要說明如何「在開發複雜的網頁應用服務時」採用「持續整合流水線」。

## 初始化專案內容

由於我們會以「先前部署與設定 Jenkins 時」所使用的「AWS 實體」作為開發的目標環境，故需要先在該實體上安裝好 nodejs 與 npm。如果你還沒安裝，請先參考在「第 2 章，部署第一個網頁應用服務」中的安裝方法：

```
$ ssh -i ~/.ssh/EffectiveDevOpsAWS.pem ec2-user@18.208.183.35
$ node -v
$ npm -v
```

第一件事情就是要將先前建立好的 helloworld 這個 GitHub 版本庫複製下來：

```
$ git clone https://github.com/< 你的 github 組織帳號名稱 >/helloworld.git
$ cd helloworld
```

然後建立一條新的分支版本庫：

**$ git checkout -b initial-branch**

接著開啟一個空白的新檔案 helloworld.js：

**$ touch helloworld.js**

要對這類專案進行測試最好的方式之一是採用**測試驅動開發**（**TDD**，**Test Driven Development**）的方法。在這種方法中，開發者先開發測試項目，然後執行測試，確認結果出現失敗後，才是開發程式碼，然後再進行一次測試。這時候應該測試結果就會通過了。之後便能發出更新請求、進行審核、批准，然後整合。

## 用 Mocha 建立功能測試

為了向你說明如何以 TDD 方法來實現編寫測試項目的流程，這邊會使用一個叫 **Mocha** 的工具（https://mochajs.org/）。這是一款「相當普及、以 JavaScript 架構為主」來建立測試項目的簡易工具。

下面我們要以 npm，也就是 node.js 的套件管理指令工具，在本地端電腦上進行安裝：

首先，請用以下指令初始化 npm：

```
$ npm config set registry http://registry.npmjs.org/
$ npm init --yes
```

這會產生一個名叫 package.json 的檔案。然後用下面這條指令安裝 Mocha 並加進開發環境的相依性關係中：

```
$ npm install mocha@2.5.3 --save-dev
```

最後會產生一個名叫 node_modules 的資料夾，並把 Mocha 安裝在其中。

除了 Mocha 之外，我們還需要一個「可以模擬瀏覽器行為」的模組來測試 helloworld 應用服務。這邊使用的模組叫做 **Zombie**，一樣從 npm 指令就可以進行安裝：

```
$ npm install zombie@3.0.15 --save-dev
```

而為了把測試項目跟實際的專案內容區隔開來，我們要在 helloworld 專案資料夾的最頂層另外新增一個叫 test 的目錄。預設上 Mocha 也會直接在這個目錄下尋找測試項目：

```
$ mkdir test
```

最後一個準備步驟就是指定 npm 要使用 Mocha 來執行這些測試項目。請用你手邊的純文字編輯器打開 package.json 檔案，然後將測試指令替換為底下這條指令：

```
"scripts": {
  "test": "node_modules/mocha/bin/mocha"
},
```

接著，我們在 test 目錄下新增一個 helloworld_test.js 檔案並編輯。

首先，要載入進行測試所需的兩個模組。第一個模組是 zombie，也就是我們的瀏覽器模擬器。第二個則是 assert 模組，這是用來在 Node.js 應用服務當中「建立單元測試（unit testing）」的標準模組：

```
var Browser = require('zombie')
var assert = require('assert')
```

再來便是載入應用服務了。這部份一樣要呼叫 require() 函式，但這次要直接載入 helloworld.js 這份之後會編寫的檔案（但現階段內容還是空的）：

```
var app = require('../helloworld')
```

接著就能開始建立測試項目了。Mocha 最基本的語法是去揣摩「可能從特定檔案獲得的內容」為何，在開頭三行 require 語法的下面，加上如下內容：

```
describe('main page', function() {
  it('should say hello world')
})
```

然後把這個測試項目跟我們的網頁應用服務綁定在一起。

建立綁定的第一步是把測試項目指向應用服務的終端。如果你記得先前章節內容的話，這份應用服務是運作在 http://localhost:3000 這個位址上。我們要在關聯中呼叫 before() 來進行設定。在對 it() 的呼叫之前，加上以下內容，告訴瀏覽器模擬器去開啟特定的伺服器位址：

```
describe('main page', function() {
  before(function() {
    this.browser = new Browser({ site: 'http://localhost:3000' })
  })

  it('should say hello world')
})
...
```

這樣瀏覽器模擬器就會連到我們的應用服務，但暫時還不會對任何頁面發出請求。因此加上另一個 before() 呼叫：

```
describe('main page', function() {
  before(function() {
    this.browser = new Browser({ site: 'http://localhost:3000' })
  })

  before(function(done) {
    this.browser.visit('/', done)
  })

  it('should say hello world')
})
...
```

至此首頁就會被讀出來，於是我們需要在 it() 函式當中編寫程式，來驗證讀取的結果。
請修改 it() 呼叫的內容，加上以下的回呼函式（callback function）：

```
describe('main page', function() {
  before(function() {
    this.browser = new Browser({ site: 'http://localhost:3000' })
  })

  before(function(done) {
    this.browser.visit('/', done)
  })

  it('should say hello world', function() {
    assert.ok(this.browser.success)
    assert.equal(this.browser.text(), "Hello World")
  })
})
```

測試項目的準備至此完成。如果以上步驟都沒問題，最後的檔案內容應該會看起來與這
份相似：http://bit.ly/2uYNYP6。

你可以直接在終端機畫面上進行測試，只要直接呼叫 Mocha 指令就好：

```
$ npm test

./node_modules/mocha/bin/mocha

  main page
    1) "before all" hook

  0 passing (48ms)
  1 failing
  1) main page "before all" hook:
     TypeError: connect ECONNREFUSED 127.0.0.1:3000
```

如上所示，因為它連不到網頁應用服務，所以測試失敗了。不過這是理所當然會出現的
結果，因為我們根本還沒實作應用服務啊。

## 完成應用服務開發

我們要來準備開發應用服務了。但既然在「第 2 章，部署第一個網頁應用服務」中已經
開發過一模一樣的東西，只要複製過來或從下面下載即可：

```
$ curl -L http://bit.ly/2vESUNuc > helloworld.js
```

然後你就能用 npm 指令再重新測試一次程式：

```
$ npm test

Server running

  main page
      should say hello world

  1 passing (78ms)
```

這次測試結果就顯示為通過了。

一切即將就緒。我們已經完成第一項目標，也就是以測試項目驗證程式的作業。當然在實務上的應用服務比這複雜得多，所需要進行的測試項目也更多。但本書只專注於自動化的議題。而既然手動測試過程式了，是時候該把這項工作交給 Jenkins 來代為執行。

## 在 Jenkins 中建立持續整合流水線

如同前述內容看到的，Jenkins 中可以建立工作項目並執行。在以前，要建立流水線就必須透過瀏覽器開啟 Jenkins 的管理主控台，進入先前建立的工作項目後，一步步編輯來對程式進行測試。但這種解決方案並不適用於審核流程，而且也難以追蹤變更的過程與細節。此外，若開發者需要「因應程式的變更」而在組建時增加新的步驟，修改組建專案的工作項目內容也是一種困擾。所以在 Jenkins 2 當中增加了一項標準功能，讓你可以用本地端的檔案來描述組建流程。這也是我們打算採用的方案。

接下來我們要新開一個 Jenkinsfile 檔案進行編輯（英文字母「J」大寫，不加副檔名）。檔案內容要以 **Groovy** 語法編寫（http://www.groovy-lang.org）。

在檔案的開頭加上以下內容：

**#!groovy**

養成這個好習慣，就可以讓「各家的 IDE 編輯器以及 GitHub」知道應該用什麼方式來解析這份檔案。這份指令檔中「第一個步驟」是在「一個 node 節點中」指定工作項目給 Jenkins：

**node { }**

由於我們的 Jenkins 安裝很單純，就只有一台伺服器，因此也只需要一個 node 節點就好。如果有多台伺服器，可以進一步加上參數來指定呼叫「特定架構的節點」，或是同時多台執行。

我們的持續整合測試大致上分為底下幾個步驟：

1. 從 GitHub 上面下載程式。

2. 呼叫 npm install 處理相依性關係的安裝。

3. 執行 mocha 指令。

4. 把測試環境復原。

這些步驟在 Jenkins 當中被稱為「**階段**」（**stage**），也就是我們要加到 node 節點區塊中的宣告。第一個階段的內容如下：

```
node {
    stage 'Checkout'
        checkout scm
}
```

這段語法是用來告訴 Jenkins「從版本管控系統上面」下載程式用的。因為先前我們已經建立了一個關聯 GitHub 的工作項目，因此 Jenkins 遇到這句語法時便能正確執行工作。

下一個階段是呼叫 npm install。但 Groovy 沒辦法直接執行如「呼叫 npm 指令」這種特定環境功能的語法，所以要「利用 sh 指令工具」透過指令列環境來執行。於是第二個階段的內容如下：

```
    stage 'Checkout'
        checkout scm

    stage 'Setup'
        sh 'npm config set registry http://registry.npmjs.org/'
        sh 'npm install'
```

下一個階段就要執行 Mocha 了。在前面 Setup 階段之後加上以下內容：

```
    stage 'Mocha test'
        sh './node_modules/mocha/bin/mocha'
```

最後用底下這個階段來把「測試完成後的環境」還原回去：

```
    stage 'Cleanup'
        echo 'prune and cleanup'
        sh 'npm prune'
        sh 'rm node_modules -rf'
```

這樣就完成 Jenkins 工作項目檔了，最後的檔案內容應該跟這份類似：http://bit.ly/2uDzkKm。

然後就可以將檔案簽入並進行測試：

```
$ git add Jenkinsfile helloworld.js package.json test
$ git commit -m "Helloworld application"
$ git push origin initial-branch
```

這會在遠端的版本庫環境上產生一條名叫 initial-branch 的分支。在分支被建立出來後，Jenkins 就會從 GitHub 那邊收到變更發生的通知，並執行持續整合流水線。數秒之後，Jenkins 就會開始進行測試，然後將測試結果送回 GitHub。你可以依下列步驟查看測試結果：

1. 從瀏覽器開啟 GitHub 網站，然後進入你建立的 helloworld 專案頁面。

2. 點擊 **Branch（分支）**然後選擇「**initial-branch**」。

3. 在這個畫面上方點擊 **New pull request（新增更新請求）**，替你的更新「命名」一個標題，然後描述一下你所作的變更為何。如果方便的話，記得用「提醒訊息」通知一下其他開發者，幫忙審核一下你所提交的這份變更。

4. 點擊 **Create pull request（建立更新請求）**，然後照著畫面上的步驟進行「發出更新請求」。一旦更新請求建立之後，就可以看到 GitHub 逐步顯示訊息，直到顯示這則更新請求已經通過所有測試：

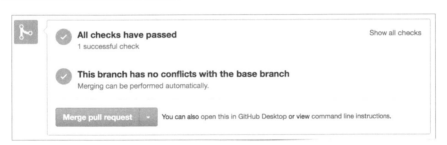

5. 此外，你還可以前往 Jenkins 的瀏覽畫面，確認組建的歷史紀錄。甚至從 Jenkins 畫面上，在分支與版本庫的下面，點擊組織後，就能查看更詳細的內容。這會跳回到 Jenkins 的工作項目畫面，在這邊可以查看工作執行的更多細節以及流水線的過程：

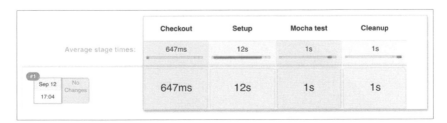

6. 之後，如果你有提醒其他開發者，他們應該會收到通知，並幫你確認更新請求。一旦更新請求審核通過之後，就可以整合。然後當其他開發者與主分支版本庫同步，或是更換他們的版本庫時，就會看到你做的變更了。

 根據對一個版本庫進行開發的「團隊規模」大小不同，更換版本庫（rebase）的動作或許會更常發生。進行版本庫更換最常發生的兩個時間點，通常在「建立更新請求之前」（上述步驟2之前）以及「進行整合之前」（上述步驟6之前）。

## 讓持續整合流水線更加完善

至此我們已經建立一條持續整合流水線了。雖然只是相當基本的流水線，但是個不錯的開始。當然還有一些細節有待加強改善。如同前述，我們可以進一步把提供給 Jenkins 的 Ansible 腳本方案再做改善，將 helloworld 工作項目的一些設定細節也包括進去。

而我們在展示「如何在流水線上」以「測試驅動開發」來進行整合與測試時，也只建立了一個簡單的功能測試項目而已。但一條持續整合流水線的成功與否，端看測試項目本身的質與量。測試項目一般會區分為「功能測試」與「非功能測試」，而為了善用這條流水線，你應該盡量在早期就將任何可能的錯誤偵測出來。這也代表著需要花費更多心力在「功能測試」的規劃上，尤其是**單元測試（unit tests）**，也就是針對程式中的小型區塊單元（例如，類別中的每個方法）進行驗證。

之後，**整合測試（integration testing）**這部份會更進一步與資料以及程式中的其他功能進行互動。最後可以再加上一些**驗證測試（acceptance testing）**項目來驗收整個應用服務的設計需求：

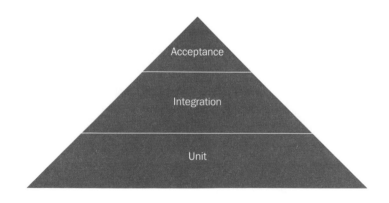

而在非功能測試項目上則包括了對**效能（performance）**、**安全性（security）**、**可用度（usability）**以及**相容性（compatibility）**的測試。

最後還能進一步利用程式碼分析工具，根據程式碼覆蓋率（code coverage，即「有多少程式碼」被「自動測試項目」執行到）來增強你的測試項目。

根據 DevOps 文化中「一以貫之」的量化精神，在持續整合流水線中，你也可以透過「監控」有多少次組建能夠「通過持續整合流水線的測試」，以此來判斷這些更新請求的品質良率。

如同其他系統，備份與監控也是值得花點時間關注的議題。比方說，在你還沒改以「組態管理系統」（像是 Ansible）來管理 Jenkins 的設定與工作項目之前，備份 Jenkins 所在的主目錄是必要的。而要對這部份「量化」的話，就要注意系統的效能、可用度等數據，因為系統運行的「存續」是最為重要的事項。組建流水線本身的「異常」應被視為最嚴重等級的事件，因為這會影響所有開發與維運單位的工作。

最後一點，隨著時間推進，你也需要擴展（scale up）用於持續整合的基礎設施數量。因為當程式與測試項目越來越多時，跑完測試項目所需的時間也會越來越久。因此你可以考慮增加 Jenkins 從屬伺服器的數量以及（或是）採用更高等級的 EC2 實體，便能同時以平行架構進行測試。而在目前的架構中，每當有變更推送上 helloworld 的分支版本庫時，Jenkins 便會執行流水線。你也可以改為「只有當更新請求發出時」才送進流水線。

本章節的第一個段落到此為止，我們建立了一種新的工作流程，開發者簽入程式碼後，對個別的分支版本庫進行測試，然後發出更新請求給其他單位中的開發者進行審核。此外，我們也建立了一台 Jenkins 伺服器，然後綁定到 GitHub 上。透過這條持續整合流水線的幫助，確保了新開發的程式碼能夠妥善經過測試。如此一來，所有簽入到專案中的「變更」都會自動進行測試，然後再將測試結果回傳給 GitHub。接下來，工作流程便能進一步延伸到下個階段，也就是針對部署工作的自動化。

---

### 有了 DevOps 就不需要品管單位了嗎？

這種說法可說是對，卻也不對。在引入了高效 DevOps 架構的組織單位中，確實不需要非技術性的品管作業。因為所有流程都已自動化，而且開發者會編寫「足以驗證程式所有細節」的測試項目，因此不再需要特別請人來規劃與執行測試計畫。但在 DevOps 組織的這些開發工程師當中，還是會有被稱為「品管工程師」的存在，他們會負責以自動化的方式管理品質。換句話說，就是改善自動化測試中「工具」與「流程」的負責人。

---

# 建立持續部署流水線

在建立好一條持續整合流水線後，我們已經往「高效開發」邁出一步了。這個工作流程現在會經過一條獨立的分支版本庫，然後在經由「自動化測試」與「人工審核」之後，重新整合回主分支版本庫中。這樣一來，我們就可以大膽假設在主分支版本庫中的程式「品質良好」並且可以安心進行部署。於是目標往下個議題前進：也就是如何在有「新開發的程式」被「整合」到主分支版本庫時，「自動」進行發佈。

只要能持續發佈新版本程式的話，就可以大幅以 DevOps 概念中所提及的「回饋循環」進行加速。迅速將新版程式發佈到線上環境，能讓你收集到來自「真實用戶」的數據，這通常能夠發現意料之外的新問題。對許多企業來說，想要把新開發好的程式發佈到線上環境是項重大挑戰。這的確讓人感到焦慮，尤其要把「數千條更新」都集中在一年內那少少數次發佈，一口氣發佈到線上環境時。採取這種作法的企業，往往會在深夜或是週末假日安排一個維修時段。但只要能夠採用先前章節內容中提及的新方法，就可以大幅改善開發單位在生活與工作上的平衡。

> 大多數如 Google 或 Facebook 這類大型科技公司都不會在星期五進行程式部署，一方面這是為了避免在週末之前把「可能擁有缺陷的程式」推送出去，導致在週末假日發生意料之外的問題。但反過來說，也正因為他們不害怕面對部署程式這件事情，因此很多對程式的變更都可以在「平日尖峰時段」上線到正式環境，便於讓他們快速發現「與流量相關的問題」。

為了建立我們自己的持續部署流水線，這邊需要利用兩項 AWS 雲端服務平台的服務項目——**CodePipeline** 與 **CodeDeploy**：

- CodePipeline 可以幫助我們建立部署流水線。只要如同先前一樣，告訴它從 GitHub 上面下載程式碼，然後送到 Jenkins 上去進行持續整合測試。但這次不是將測試結果回報給 GitHub 就結束了，我們還要進一步利用 AWS 的 CodeDeploy 服務將程式部署到 EC2 實體上面去。

- CodeDeploy 就是可以讓我們「把程式部署到 EC2 實體上面」的服務項目了。只要透過一些設定與指令檔，就能夠透過 CodeDeploy 穩定無虞地部署並測試程式。拜 CodeDeploy 所賜，我們再也不用煩惱部署過程中那些繁瑣的流程管控細節。而且這項服務與 EC2 實體整合得很好，可以在多台實體上執行更新，必要時也可以進行還原。

在「第 3 章，基礎設施程式化」當中已經介紹過如何用 Ansible 來設定伺服器並部署 helloworld 應用服務。雖然透過這個方案讓我們學習如何使用組態管理工具，但在「應用服務的重要性更高」的情境下，這種方案顯然還不夠好。因為其中並未引進任何流程管控的概念，而且沒有規劃驗證階段，也就沒有機制能夠告訴我們「部署的情形」如何。

在接下來的章節內容中，我們將會看到利用 AWS 雲端服務平台上「細緻的服務項目」來協助部署應用服務，可以大幅改善這種情形。為了介紹這些服務項目，首先要使用 Ansible 來架設一台新的 Node.js 網頁伺服器。

# 另外建立「持續部署」用的網頁伺服器

要使用 CodeDeploy 的話，就要在 EC2 實體上安裝 CodeDeploy 的用戶端，通常可以從實體所在地理區域的「S3 儲存桶」（S3 bucket）下載執行檔進行安裝。方便的是 AWS 雲端服務平台有為此提供一份「專用的 Ansible 函式庫」，可以將安裝的步驟自動化。但也因為這並非標準的 Ansible 函式庫，首先得將此加入 Ansible 的版本庫當中才行。

## 在 Ansible 中增加 AWS 的 CodeDeploy 函式庫

Ansible 在預設上會從 /usr/share/my_modules/ 目錄底下搜尋任何自訂的函式庫，而先前我們在「第 3 章，基礎設施程式化」中要搜尋清單檔（inventory script）時，曾透過編輯 ansible.cfg 檔案來改變這個預設行為。這邊同樣也要進行適度的調整，這樣才好把「下載的函式庫檔案」跟「其他 Ansible 檔案」放在一起。最簡單的方法就是在 ansible 版本庫的頂層目錄下新增一個資料夾，用於存放函式庫。

請打開電腦中的終端機畫面，然後進入 ansible 資料夾。

在 ansible 版本庫資料夾的頂層，也就是 ansible.cfg 檔案的所在處，新增一個「新的 library 目錄」用於存放「AWS 提供給 ansible 使用的 CodeDeploy 函式庫」：

```
$ mkdir library
```

新增好這個資料夾後，就可以把用於 ansible 的函式庫下載進去：

```
$ curl -L http://bit.ly/2cRAtYo > library/aws_codedeploy
```

最後，編輯 ansible 目錄頂層的 ansible.cfg 檔案，將函式庫的搜尋路徑重新指到 library 資料夾，如下：

```
# update ansible.cfg
[defaults]
inventory = ./ec2.py
remote_user = ec2-user
become = True
become_method = sudo
become_user = root
nocows = 1
library = library
```

這樣就完成使用函式庫的準備了。CodeDeploy 將會成為系統中「新增應用服務過程中」最為倚重的服務項目之一，而為了確保 Ansible 版本庫中的程式碼達到**不二作的原則**（**DRY，Don't Repeat Yourself，高可重複使用度，又稱為「一次且僅一次」**），我們要為 CodeDeploy 增加一個 Ansible 角色。

## 建立 CodeDeploy 的 Ansible 角色

首先進到 ansible 版本庫頂層目錄底下的 roles 資料夾：

```
$ cd roles
```

如同先前，借助 ansible-galaxy 的功能「建立角色的初始框架」：

```
$ ansible-galaxy init codedeploy
```

這個角色的任務非常單純。請修改 codedeploy/tasks/main.yml 檔案，然後呼叫 aws_codedeploy 函式庫所提供的新模組，內容如下所示：

```
---
# tasks file for codedeploy
- name: Installs and starts the AWS CodeDeploy Agent
  aws_codedeploy:
    enabled: yes
```

接著我們就能替「通用的 nodejs 網頁伺服器」建立腳本了。首先，回到 ansible 版本庫目錄的頂層：

```
$ cd ..
```

然後新增一個 nodeserver.yml 檔案：

```
$ touch nodeserver.yml
```

跟先前編寫腳本檔時要做的事情相同，這台伺服器的目的是要運行 Node.js 應用服務以及 CodeDeploy 系統服務。請編輯 nodeserver.yml 檔案，加入以下內容：

```
---
- hosts: "{{ target | default('localhost') }}"
  become: yes
  roles:
    - nodejs
    - codedeploy
```

 當你在 Ansible 或 CloudFormation 這類組態管理系統中引入 CodeDeploy 機制時，請記得在啟動應用服務之前，要處理好所有的相依性關係。這能預防爭先情境（race condition）的問題發生。

可以把這些變更簽入 git 了。首先，建立一條新的分支版本庫，然後把新建立的檔案與資料夾都加進去：

```
$ git checkout -b code-deploy
$ git add library roles/codedeploy nodeserver.yml ansible.cfg
```

最後執行 commit 並用 push 指令把變更推送進去：

```
$ git commit -m "adding aws_codedeploy library, role and a nodeserver
playbook"
$ git push origin code-deploy
```

如同先前一樣，現在可以去發出更新請求了。一旦你的更新請求通過審核並核准後，再把它重新整合回主分支版本庫中。完成這些步驟後，你的 Ansible 版本庫內容應該會看起來跟這份類似： http://bit.ly/2uZ62bF。

## 建立網頁伺服器的 CloudFormation 模板

在準備好 Ansible 腳本之後，就可以用 Troposphere 編寫 CloudFormation 的模板了。我們從本章節先前「為了安裝 Jenkins 而寫的 Troposphere 指令檔」開始著手：

```
$ cd EffectiveDevOpsTemplates
$ cp jenkins-cf-template.py nodeserver-cf-template.py
```

然後編輯 nodeserver-cf-template.py 檔案，做以下更動。首先，修改「應用服務名稱」與「網路埠的變數內容」，如下：

```
ApplicationName = "nodeserver"
ApplicationPort = "3000"
```

此外，由於這台實體需要從 S3 儲存桶服務下載檔案，因此需要修改安全性群組原則，以便讓「安裝在 Jenkins 實體上的 CodePipeline」可以連線到 S3 服務去。底下要修改「安全性群組原則」並修改名稱與內容，重新命名為 AllowCodePipeline。在初始化實體的動作之前，加上一個新的 IAM 規則資源，如下：

```
t.add_resource(IAMPolicy(
    "Policy",
    PolicyName="AllowS3",
    PolicyDocument=Policy(
        Statement=[
            Statement(
                Effect=Allow,
                Action=[Action("s3", "*")],
                Resource=["*"])
        ]
    ),
    Roles=[Ref("Role")]
))
```

修改完成後的指令檔應該會跟這份類似：http://bit.ly/2uDtR6g。

在準備好新版的指令檔後，請記得存檔，然後進行以下動作，產生 CloudFormation 的模板檔：

```
$ git add nodeserver-cf-template.py
$ git commit -m "Adding node server troposhere script"
$ git push
$ python nodeserver-cf-template.py > nodeserver-cf.template
```

## 啟動網頁伺服器

如同先前的流程，我們要透過 CloudFormation 服務來啟動實體伺服器。但注意這次實體機器的名稱改成了 helloworld-staging，因為我們要先說明「如何利用 CodeDeploy 來將程式部署到測試環境」。在 CodeDeploy 當中同樣也會用到這個名稱，以便分辨要部署到哪個堆疊中：

```
$ aws cloudformation create-stack \
    --capabilities CAPABILITY_IAM \
    --stack-name helloworld-staging \
    --template-body file://nodeserver-cf.template \
    --parameters ParameterKey=KeyPair,ParameterValue=EffectiveDevOpsAWS
```

等待個幾分鐘後，實體伺服器就上線了。

從這邊開始就是 DevOps 文化引入過程的一個重大分水嶺：我們建立了一台通用的 nodejs 網頁伺服器，並可以輕鬆完成部署到這台機器的過程。這已經非常接近現實世界中那些「高效開發企業」過去用來「部署與運行服務」的解決方案，但我們的優勢在於能輕易地就建立這些環境，而且可以隨需求而定。

 當你在設計服務的架構時，請確保能夠輕易重建你的基礎設施。在遇到問題時，如果能找出原因當然很好，但有時為了制止「因服務異常而對使用者造成的衝擊」，能夠迅速重建服務也是很重要的事情。

# 整合 helloworld 應用服務與 CodeDeploy

現在伺服器已經上線，CodeDeploy 客戶端也運作起來，就可以開始好好利用了。首先我們要給 CodeDeploy 建立一個專屬的 IAM 服務角色，然後在 CodeDeploy 服務當中給應用服務增加一個對應的項目。最後就是加上應用服務的定義檔，然後編寫一些指令檔來完成 helloworld 應用服務的部署與運行。

## 建立 CodeDeploy 的 IAM 服務角色

CodeDeploy 在 IAM 中的存取權預設是以「獨立應用服務」的層級運行，但為了擁有足夠的權限，我們需要另外以下列規則建立一個新的 IAM 服務角色：

```
{
  "Version": "2012-10-17",
  "Statement": [
    {
      "Sid": "",
      "Effect": "Allow",
      "Principal": {
        "Service": [
          "codedeploy.amazonaws.com"
        ]
      },
      "Action": "sts:AssumeRole"
    }
  ]
}
```

然後用底下這道指令建立角色並命名為 CodeDeployServiceRole：

```
$ aws iam create-role \
    --role-name CodeDeployServiceRole \
    --assume-role-policy-document \
    https://bit.ly/2uCWY9V
```

然後將角色的安全性原則附加上去，替這項服務角色提供對應的權限：

```
$ aws iam attach-role-policy \
    --role-name CodeDeployServiceRole \
    --policy-arn \
    arn:aws:iam::aws:policy/service-role/AWSCodeDeployRole
```

準備好 IAM 服務角色之後，就能使用 CodeDeploy 的網頁介面了。

## 建立 CodeDeploy 應用服務

現在我們有了一台運行著 CodeDeploy 服務的 EC2 實體伺服器，也定義好所需要的 IAM 服務角色，這樣一來就能建立 CodeDeploy 應用服務了。如同先前所述，要利用 AWS 雲端服務平台的服務項目有很多種方式，不過在這邊我們只先說明最基礎的網頁介面操作：

1. 從瀏覽器開啟 https://console.aws.amazon.com/codedeploy 頁面。

2. 如果有彈出訊息，點擊 **Get Started Now**（**立即開始使用**）。

3. 接著會來到一個歡迎畫面，畫面上有兩個選項分別是：**Sample Deployment**（**範例部署**）與 **Custom Deployment**（**自訂部署**）。請選擇 **Custom Deployment**（**自訂部署**）後，點擊 **Skip Walkthrough**（**跳過引導**），就會直接來到 **Create Application**（**建立應用服務**）表單畫面。

4. 在這個畫面中的 **Application Name**（**應用服務名稱**）寫入 helloworld 這個應用服務的名稱。

5. 在這邊「部署群組」（deployment group）的意思可以看作「應用服務所在的環境設定」。因此我們先建立一個測試環境，在 **Deployment Group Name**（**部署群組名稱**）寫入 staging 這個名稱。

6. 然後把實體伺服器加進應用服務的環境設定中，這樣才能指定「先前透過 CloudFormation 產生的 EC2 實體」。你應該還記得這個堆疊先前命名時的名稱是 helloworld-staging，因此在 **Environment configuration**（**環境設定**）中選擇 **Amazon EC2 instances**（**Amazon 的 EC2 實體**），然後在 Key 欄位輸入

aws:cloudformation:stack-name，在 Value 欄位輸入 helloworld-staging。這樣就能讓 CodeDeploy 只會使用「我們要用來部署應用服務的實體伺服器」了，從 AWS 的 CodeDeploy 畫面上應該也能確認一台實體數量：

| Search by Tags ❶ | | | | |
| --- | --- | --- | --- | --- |
| | **Tag Type** | **Key** | **Value** | **Instances** |
| 1 | Amazon EC2 ▼ | :loudformation:stack-name ▼ | helloworld-staging ▼ | 1 | ✕ |
| 2 | Amazon EC2 ▼ | ▼ | ▼ | | ✕ |
| Total Matching Instances: 1 | | | | |

7. 接下來要進行的是 **Deployment configuration（部署設定）**。CodeDeploy 的長處之一，就是可以決定要如何將一份程式部署到整個伺服器集群上面。這項功能可以輕易讓你「避免」部署過程中意外發生的中斷問題。預設上提供三種部署選項：一次部署一台、一次部署全部，或是一次部署一半。當然你也可以自訂部署原則，不過這次的範例中，因為我們也只有一台而已，所以採用預設的選項 CodeDeployDefault.OneAtATime 就可以了。

8. 接下來的兩個設定是 triggers（事件觸發）與 alarms（警告），雖然這部份不在本書的討論範疇內，但當你想要收集「與部署過程有關的量化數據」並「進行監控」時，一些基礎的事件觸發設定很有幫助。只要設定事件觸發並透過 SNS 服務推送通知，然後建立 CloudWatch 的量化，就可以輕易地收集「與部署有關的量化數據」。你可以透過這些數據回答「有多少部署正在進行」、「有多少發生異常」、「有多少部署動作需要被還原」等等。

9. 由於我們的應用服務本身是屬於無階段狀態（stateless）的架構，因此當部署發生異常時，最好能夠將部署動作還原回來。因此請選擇 **Roll back when a deployment fails（當部署失敗時進行還原）**選項。

10. 最後一步，在 **Service Role ARN** 部份，要設定我們先前已經建立好的服務角色，選擇結尾顯示為 **CodeDeployServieRole** 的角色設定。

11. 最後點擊 **Create Application（建立應用服務）**。

接著會回到 CodeDeploy 應用服務的頁面，然後就可以看到「新建立的 helloworld 應用服務」了。

在 CodeDeploy 建立應用服務的這個步驟，是讓我們可以決定將新的應用服務項目部署到哪裡去。因此接下來要決定的就是如何部署了。

# 把 CodeDeploy 的設定與指令檔加入版本庫

先前本章節中，在建立 Jenkins 的整合流水線時，我們曾在「helloworld 的 GitHub 版本庫中」增加了一份 Jenkinsfile 設定檔。這樣做的原因是要將「被進行測試的程式」以及「決定如何進行測試的程式」放在同一個版本控管下。因此同樣地，這邊也要把「被部署的程式」以及「決定如何部署的設定檔」也放在一起。

目前在新建立的 GitHub 組織帳號底下有一個 helloworld 版本庫，裡面放著應用服務。這個 helloworld 版本庫裡面當然也放著「應用服務的測試項目設定」。接下來我們要將 CodeDeploy 用於決定如何部署服務的資訊也加進去。

用來決定 CodeDeploy 要如何處理應用服務檔案的設定叫 appspec.yml 檔，因此第一步就是建立這個檔。請跳進有下載 helloworld 這個 GitHub 專案的資料夾下，然後從主分支中建立一個新的分支：

```
$ git clone https://github.com/< 你的 Github 組織帳號名稱 >/helloworld.git
$ cd helloworld
$ git checkout -b helloworld-codedeploy
```

然後建立並開始編輯 appspec.yml 這個檔案：

**$ touch appspec.yml**

在檔案的開頭，要先定義這份 AppSpec 檔案要使用的格式版本。而目前只有提供 0.0 版本：

```
version: 0.0
```

下一行要指定我們部署服務所在的「作業系統環境」為何。在本範例中是 Linux：

```
os: linux
```

接下來就可以開始指定檔案要被部署到哪個位置了。首先新增一個 files 區塊，然後把每個需要部署的檔案以「source 與 destination（來源與目標）的形式」定義進去。這邊要當心，因為檔案格式是 YAML 規則，所以要特別注意空格跟縮排問題：

```
version: 0.0
os: linux
files:
  - source: helloworld.js
    destination: /usr/local/helloworld/
```

有了這個區塊的定義之後，CodeDeploy 就知道要將 helloworld.js 檔案複製到 destination 定義的位置 /usr/local/helloworld。這個 helloworld 目錄會自動由 CodeDeploy 幫我們產生。而為了要啟動這項應用服務，我們還需要定義一份「版本庫中沒有的」啟動指令檔。

先回到終端機畫面，進到 helloworld 專案資料夾下的頂層，建立一個名稱為 scripts 的子目錄，然後在底下增加啟動指令檔：

```
$ mkdir scripts
$ wget http://bit.ly/2uDrMam -O scripts/helloworld.conf
```

現在就能在 appspec.yml 檔案裡面的「啟動指令」中，增加另一組 source 與 destination 的設定，把 helloworld.conf 加進去，如下：

```
files:
  - source: helloworld.js
    destination: /usr/local/helloworld/
  - source: scripts/helloworld.conf
    destination: /etc/init/
```

這樣一來，用於運行應用服務所需的兩份檔案，都會被放到正確的位置上。但要完成應用服務的部署，我們還需要更多檔案，還有需要 CodeDeploy 來啟動與停止應用服務。在先前是利用 Ansible 來啟動應用服務，不過這次我們不使用 Ansible 來管理服務，因為 CodeDeploy 提供了更為流暢的方案。每當有部署要進行時，在 EC2 實體上的「CodeDeploy 客戶端」就會依序進行以下作業：

在「**下載安裝檔**」這個階段就會把「應用服務在內的版本庫」下載到系統上，而在安裝階段就會「根據定義檔的內容」將檔案複製到目標位置。

CodeDeploy 採用綁定關聯（hooks）的概念。在 appspec.yml 檔案中可以對「上面所提及的每個階段」都定義要執行的自訂指令檔，因此這邊我們要建立三組指令檔：一份是用來啟動應用服務的指令檔、一份用來停止的指令檔，以及最後用來確認部署是否成功的指令檔。

將三份指令檔都放在先前建立的 scripts 資料夾下。首先建立第一個 start.sh，然後進行編輯：

```
$ touch scripts/start.sh
```

這份指令的內容很單純，就只是將服務啟動而已：

```sh
#!/bin/sh
start helloworld
```

內容就只有這樣而已。接著要建立用於停止服務的指令檔：

```
$ touch scripts/stop.sh
```

然後編輯這份檔案，加入下面的內容：

```sh
#!/bin/sh
[[ -e /etc/init/helloworld.conf ]] \
    && status helloworld | \
        grep -q '^helloworld start/running, process' \
    && [[ $? -eq 0 ]] \
    && stop helloworld || echo "Application not started"
```

因為要在「安裝前準備」（BeforeInstall）之前就執行這份指令的關係，因此比起用於啟動的指令檔來說，「停止指令檔」看起來複雜多了。但指令所要達到的目的是一樣的：要將 helloworld 應用服務停止下來。而之所以要在「真正呼叫停止指令之前」做一堆判斷，是為了應對全新部署時，應用服務還沒有被安裝或啟動的情形。

最後一份要建立的指令檔是 validate.sh：

```
$ touch scripts/validate.sh
```

這份指令檔同樣也很單純：

```sh
#!/bin/sh
curl -I localhost:3000
```

以本書的目標來說，我們盡量以最簡單方式驗證即可。這個驗證方式是以一個「包含著 HEAD 欄位的網路要求」去測試應用服務「唯一的連接埠」。但在實務上，每當你更新程式之後，都需要對「更多的網路連線埠」以及「可能發生異常的細節」進行測試。

然後賦予這些指令檔可執行的權限，以此在 CodeDeploy 中避免「不必要的警告訊息」：

```
$ chmod a+x scripts/{start,stop,validate}.sh
```

接下來就可以在 appspec.yml 檔案中加入綁定關聯了。再次打開這份設定檔，然後在 files 區塊下方增加 hooks 區塊：

```
version: 0.0
os: linux
```

```
files:
[...]
hooks:
```

首先定義要在「安裝前準備」階段執行的停止指令檔。在綁定關聯的設定區塊中加上以下內容：

```
hooks:
  BeforeInstall:
    - location: scripts/stop.sh
      timeout: 30
```

在這邊準備了「30 秒的時間」讓停止指令檔去完成作業。接著對「啟動指令檔」和「驗證指令檔」設定同樣的操作：

```
hooks:
  BeforeInstall:
    - location: scripts/stop.sh
      timeout: 30
  ApplicationStart:
    - location: scripts/start.sh
      timeout: 30
  ValidateService:
    - location: scripts/validate.sh
```

這樣一來，當部署流水線執行時，就會照以下的步驟進行：

1. 下載應用服務的程式部署包，然後解壓縮到一個「暫存目錄」中。

2. 執行「停止指令檔」。

3. 將「應用服務」與「啟動指令檔」複製到目標位置去。

4. 執行「啟動指令檔」。

5. 執行「驗證指令檔」以確認所有細節都如預期運行。

把所有新增的檔案加進 **git** 吧，照下面的步驟把「變更」簽入並推送上去，然後發送「更新請求」：

```
$ git add scripts appspec.yml
$ git commit -m "Adding CodeDeploy support to the application"
$ git push
```

這條分支會經過 Jenkins 的測試流程，你可以找一個開發團隊的同仁幫你審核程式變更，當變更被核准之後，就能把變更請求整合回去。

在要進行部署之前，必須要先確認三個問題：「要部署什麼？」、「要部署到哪裡？」以及「要怎麼進行部署？」第二個問題在 CodeDeploy 中設定作業時就已經回答了，而第三個問題的答案就是「appspec 設定檔」以及「這些輔助用的指令檔」。所以現在要回頭看看第一個問題：「要部署什麼？」而要解答這個問題就要用到 AWS CodePipeline。

# 用 AWS 的 CodePipeline 建立部署流水線

AWS 雲端服務平台的 CodePipeline 是用來建立交付流水線的服務項目。你可以想成是「由 AWS 修改過的 Jenkins 流水線」那樣的功能。這個服務項目跟其他 AWS 生態系統都可以整合，也就是說，比起 Jenkins 擁有更強大的功能與更好的優勢，而且因為是全受管服務（fully managed service），所以你不用像之前「安裝著 Jenkins 的實體」那樣管理它的運作。由於可以跟 CodeDeploy 整合，所以對我們來說非常方便，除了不需要介入細節之外，這項服務也可以跟 IAM 服務整合，這就表示你可以以對「誰能做什麼」進行完整控制。比方說，可以防止「未經授權的使用者」進行部署。而拜 API 介面所賜，包括 Jenkins 與 GitHub 在內的各種服務都能「整合」進這條流水線中。

這邊說明二階段的「基本流水線」建立方式。在第一個階段，我們要從 GitHub 上面下載程式、打包，然後將程式部署包上傳到 S3 儲存桶服務中。在第二個階段，則是要下載這份程式部署包，然後用 CodeDeploy 部署到我們的「測試用實體環境」。

之後我們會介紹一些更進階的情境。像是如何在把程式部署到測試環境「之前」，先用「裝有 Jenkins 的實體」進行測試。接著就是建立正式的線上環境，然後在部署流程中增加確認步驟，成為持續交付流水線。最後，要來探討幾種可以加強程式可信度的方式，以便取消正式部署流程中的「確認步驟」，真正讓這條流水線成為「全自動流水線」。

## 建立「持續部署」到「測試環境」的流水線

接下來要用 CodePipeline 建立第一條部署流水線。我們要使用 AWS 雲端服務平台的管理主控台所提供「非常直覺式的網頁介面」來進行操作：

1. 首先從瀏覽器開啟 https://console.aws.amazon.com/codepipeline 頁面。

2. 如果有彈出訊息，點擊 **Get started**（開始使用）。

3. 在下個畫面，將流水線名稱命名為 helloworld，然後點擊 **Next Step**（下一步）。

4. 在部署來源設定的部份，於 **Source provider（來源提供者）** 選擇「GitHub」，然後點擊 **Connect to Github（連線到 Github）**。如果出現登入要求，請登入你的 GitHub 帳號。

5. 接著會回到 AWS CodePipeline 的主畫面。現在就能對 **Repository（版本庫）** 與 **branch（分支）** 進行選擇了。這邊選擇 helloworld 專案以及 master 分支，然後點擊 **Next stap（下一步）**。

 如果你在這步沒有看到組織名稱／版本庫名稱的話，一種變通的解決方式是將版本庫複製到你 Github 主帳號底下。

6. 來到流水線的第三個階段，也就是要設定 **Build provider（組建提供者）**。但由於我們的應用服務是以 Node.js 寫成，因此不需要進行任何的組建動作。所以選擇 **No build（不進行組建）** 後就點擊 **Next step（下一步）**。

7. 下一個階段是測試版（Beta），也就是進行測試部署的階段。在 Deployment provider（部署提供者）的部份選擇 AWS CodeDeploy，然後在 Application namc（應用服務名稱）的部份選擇 helloworld。最後設定 Deployment group（部署群組）為 staging。然後點擊 Ncxt stcp（下一步）。

8. 然後就會出現要我們選擇 **Role Name（角色名稱）** 的步驟了。AWS 雲端服務平台在這邊有提供「**Create Role（建立角色）按鈕**」的方便作法，因此先點擊這邊。

9. 在下一個畫面，選擇 **Create a new IAM Role（建立一個新的 IAM 角色）**，然後將角色名稱命名為 AWS-CodePipeline-Service。直接採用建議的安全性原則後點擊 **Allow（允許）**。

10. 現在回到了 CodePipeline 的部份，確認角色名稱是選擇 AWS-CodePipeline-Service 之後，點擊 **Next step（下一步）**。

11. 在確認畫面上，再次確定設定內容無誤後，最後點擊 **Create Pipeline（建立流水線）**。

 因為我們是使用網頁介面進行設定，因此 Amazon 會自動替你新增一個「S3 儲存桶」，用來在流水線的執行過程中「存放」產生的相關物件。

等個幾秒讓流水線建立好之後，就會開始第一次的執行。

在說明 CodeDeploy 與 CodePipeline 的基礎功能過程中，我們使用了網頁與指令列介面，而且幾乎都是靠手動操作完成，也沒有什麼審核機制。但其實 CloudFormation 有支援上述這兩項服務，因此在實務上的建置系統中，與其人工操作，最好還是利用「如 Troposphere 之類的程式化工具」來產生模板，以便管理這些服務項目。

一旦所有階段都執行通過後，就可以從瀏覽器打開 http://< **實體網路 ip 位址** >:3000
來確認程式是否正確部署。你可以「從 CloudFormation 模板」或是「透過 EC2 管理主
控台」來確認實體的網路 IP 位址。或是利用底下這行指令來進行驗證：

```
$ aws cloudformation describe-stacks \
    --stack-name helloworld-staging \
    --query 'Stacks[0].Outputs[0].OutputValue' \
    | xargs -I {} curl {}:3000
Hello World
```

這樣就完成基本的流水線了。將 Code Pipeline、CodeDeploy、GitHub 以及 S3 的優
點結合起來，我們替「網頁應用服務的部署」建立一條非常流暢的流水線方案。每當有
「更新請求」被整合到主分支版本庫時，流水線就會將變更「下載」下來，自動用新程
式建立為「新的部署包」，上傳到 S3 儲存服務，然後再部署到「測試環境」上。而透過
CodeDeploy，我們可以進行基礎測試來「驗證」新版的程式是否運作正常。當有必要
時，還能夠「還原」到先前組建過的任一版本。

但這條流水線不僅能將程式部署到測試環境上，其實還可以做到更多功能。如同先前所
述，可以將 CodePipeline 跟 Jenkins 整合在一起，這樣一來，除了能用 CodePipeline 來
組建之外，還可以額外進行一系列的測試。因此，接下來就在部署到測試環境之前「增
加這一個階段」吧。

## 整合 Jenkins 與 CodePipeline 流水線

Jenkins 之所以這麼受到歡迎的其中一個原因，就是各式「外掛」提供的多樣功能，而
AWS 雲端服務平台也提供了一系列的外掛，將各種服務項目與 Jenkins 整合在一起。
這邊就要使用「提供給 CodePipeline 的外掛功能」。但首先我們需要修改這台實體所
使用的 IAM 角色設定，以便跟 CodePipeline 進行互動。接著才是在 Jenkins 上安裝
CodePipeline 外掛，然後建立「用於執行測試」的作業項目。最後就是修改流水線，將
這個新階段整合進去。

## 透過 CloudFormation 更新 IAM 設定

為了要替實體增加新的權限設定，這邊要先修改本章之前所寫成的「jenkins-cf-
template.py 模板檔」，新增一項權限允許的安全性原則，讓「裝有 Jenkins 的實體」
可以跟「CodePipeline 服務」進行溝通。這個步驟類似於「先前為了允許網頁伺服器存
取 S3 儲存服務」時做出的更動。

在實體變數的啟動之前，增加以下內容：

```
t.add_resource(IAMPolicy(
    "Policy",
    PolicyName="AllowS3",
    PolicyDocument=Policy(
        Statement=[
            Statement(
                Effect=Allow,
                Action=[Action("s3", "*")],
                Resource=["*"])
        ]
    ),
))
```

將變更存檔後，重新產生模板。新的模板內容應該會跟這份類似：http://bit.
ly/2djBqbb：

```
$ git add jenkins-cf-template.py
$ git commit -m "Allowing Jenkins to interact with CodePipeline"
$ git push
$ python jenkins-cf-template.py > jenkins-cf.template
```

然後透過網頁介面更新堆疊：

1. 開啟 https://console.aws.amazon.com/cloudformation 頁面。

2. 勾選安裝有 Jenkins 的實體堆疊，然後從 **Actions（動作）**選單中，選擇 **Update Stack（更新堆疊）**。

3. 選擇新產生的 jenkins-cf.template，然後不斷點擊 **Next（下一步）**，直到看到以下的確認畫面：

| Preview your changes |
| --- |

Based on your input, CloudFormation will change the following resources. For more information, choose View change set details.

| Action | Logical ID | Physical ID | Resource type |
| --- | --- | --- | --- |
| Add | Policy | | AWS::IAM::Policy |

4. 如上圖所示，變更事項中僅有增加「IAM 安全性原則」一項，因為我們是直接拿先前建立這台實體的設定檔來修改而已。這台 EC2 實體本身並不會被更動，因此可以直接進行變更，沒有問題。點擊 **Update（更新）**來執行變更。

這樣就會更新這台實體的安全性原則，讓 Jenkins 有足夠的權限可以跟 CodePipeline 服務互動。接下來就可以安裝 Jenkins 上的 CodePipeline 外掛了。

# 安裝與使用 Jenkins 的 CodePipeline 外掛工具

要在 Jenkins 安裝外掛很簡單：

1. 從瀏覽器開啟你的 Jenkins 實體頁面（即 http://IP 位址 :8080）。

2. 如果需要登入的話，請先登入，然後點擊 **Manage Jenkins（管理 Jenkins）**。

3. 在 **Manage Jenkins（管理 Jenkins）** 頁面上，選擇 **Manage Plugins（管理外掛）**。

4. 找到名稱為「**AWS CodePipeline Plugin**」的外掛項目，勾選然後進行安裝。安裝好後就可以開始使用了。

5. 回到 Jenkins 的首頁。

6. 點擊左側選單中的 **New Item（新增項目）**。

7. 將這個項目命名為 HelloworldTest 並選擇 **Freestyle project（自定義專案）** 後，點擊頁面最下方的 **OK** 按鈕。

8. 在下個畫面中的 **Source Code Management（原始碼管理）** 選擇「**AWS CodePipeline**」。而因為權限問題在實體伺服器層就已經解決了，因此這邊需要設定的只有 **AWS Region（AWS 地理區域）** 跟 **Category（類別）** 兩項而已，而這兩項請分別設定為 US_EAST_1 與 Test。

9. 然後在 **Build Triggers（建立觸發）** 下選擇「**Poll SCM**」，然後輸入「* * * * *」，讓 Jenkins 每分鐘都去檢查是否有「程式測試要求」送進 CodePipeline 流水線中。

10. 在 **Build（組建）** 區塊下，點擊 **Add build step（新增組建步驟）** 後，點擊 **Execute shell（在指令列環境下執行）**。

11. 接著，同樣地，我們要執行在本章一開始所建立的測試項目。在 **Command（指令）** 的區塊中輸入以下內容：

```
npm config set registry http://registry.npmjs.org/
npm install
./node_modules/mocha/bin/mocha
```

12. 然後增加一個 **post-build action（組建後動作）** 並選擇名稱顯示為「**AWS CodePipeline Publisher**」的動作項目。

13. 在新產生出來的 **AWS CodePipeline Publisher** 項目當中，點擊 **Add（新增）**，而 **Location（位置）** 的部份留空即可。

14. 其他部份可以根據你的實際情形進行後續的作業設定，最後點擊 **Save（保存）** 完成新作業項目的建立。

這樣一來，完成 Jenkins 的測試作業準備了，可以開始進行流水線流程的更新。

# 在流水線中建立測試階段

這邊要透過網頁介面來進行修改：

1. 從瀏覽器開啟 `https://console.aws.amazon.com/codepipeline` 頁面。

2. 選擇先前建立好的 `helloworld` 流水線。

3. 在 `helloworld` 流水線頁面，點擊流水線頁面上方的 **Edit（編輯）** 按鈕。

4. 在 **Source** 跟 **Beta** 階段之間，點擊「**＋Stage**」按鈕新增一個階段。

5. 將這個階段命名為 `Test` 然後點擊 **Action（動作）**。

6. 從右側選單的 **Action Category（動作類別）** 當中選擇「顯示為 `Test` 的類別項目」。

7. 將這個動作命名為 Jenkins，然後在 **Test provider（測試提供者）** 部份選擇 **Add Jenkins（新增 Jenkins）**。

8. 在 **Add Jenkins（新增 Jenkins）** 選單中，**Provider Name（提供者名稱）** 維持 `Jenkins` 即可，然後輸入你 Jenkins 伺服器的網址，即 `http://IP 位址 :8080`。專案名稱則必須要跟在 Jenkins 上的作業項目名稱一致，因此這邊要輸入 `HelloworldTest`。設定好後，點擊 **Add action（新增動作）**。

9. 點擊流水線設定頁面最上方的 **Save pipeline changes（保存流水線變更）** 完成修改。

10. 點擊 **Release change（發佈變更）** 再次執行流水線流程。數分鐘之後，應該就會執行到 Jenkins 這個階段的步驟了。如果一切測試無誤，結果應該會顯示為「通過」。

現在這條流水線的價值才真正開始被發掘出來。這邊展示的 Jenkins 整合只是非常粗淺的使用方式，但如果套用到實務情境的話，需要更進一步的整合，像是部署程式到測試環境後，進行更詳盡的驗證作業，包括「負載」與「滲透測試」（penetration testing）等等。

這條 AWS CodePipeline 流水線的目標，是要讓你開發的服務一路從「處於原始碼管控的狀態」，直到「進入正式環境」為止。但當服務還處於「早期開發階段」時，你可能還沒規劃「持續部署到正式環境」所需的測試項目，因此這時或許還需要人工介入正式環境的部署作業。所以我們要盡可能利用本章已經建立起來的「自動化流程」，但在部署到正式環境時，先建立一條持續交付流水線。

## 建立正式環境的持續交付流水線

要建立持續交付流水線的話，首先要建立一個用作正式環境的 CloudFormation 堆疊。接著在 CodeDeploy 當中新增一個部署作業群組，用來將程式部署到這台新的 CloudFormation 堆疊上。最後，升級我們的這條流水線，增加一個部署程式到正式環境的審核流程，以及增加正式環境部署階段。

# 建立正式環境的 CloudFormation 堆疊

這邊要「重複利用」建立測試環境時所使用的同一份模板。在終端機畫面上，先進入「產生 node 伺服器模板」的路徑下，然後執行前次同樣的指令，只是這次將堆疊名稱命名為 helloworld-production：

```
$ aws cloudformation create-stack \
    --capabilities CAPABILITY_IAM \
    --stack-name helloworld-production \
    --template-body file://nodeserver.template \
    --parameters ParameterKey=KeyPair,ParameterValue=EffectiveDevOpsAWS
```

然後執行以下指令來等待堆疊建立完成：

```
$ aws cloudformation wait stack-create-complete \
    --stack-name helloworld-production
```

# 建立用於部署正式環境的 CodeDeploy 群組

先前我們在將程式部署到測試環境時，建立了一個 CodeDeploy 應用服務以及部署群組。現在為了將程式部署到新設的這台正式環境上，我們要透過「指令列介面」增加一個新的部署群組。

其中一個要設定到部署群組中的 arn 變數內容，是我們在一開始建立的「安全性原則」，這部份可以直接從之前建立好的「測試環境部署群組」中查詢出來，然後將查詢的結果存放到這個名為 arn 的變數當中：

```
$ arn=$(aws deploy get-deployment-group \
    --application-name helloworld \
    --deployment-group-name staging \
    --query 'deploymentGroupInfo.serviceRoleArn')
```

接著就能執行底下這條指令，來建立新的部署群組了：

```
$ aws deploy create-deployment-group \
    --application-name helloworld \
    --ec2-tag-filters Key=aws:cloudformation:stackname, Type=KEY_AND_
    VALUE,Value=helloworld-production \
    --deployment-group-name production \
    --service-role-arn $arn
```

要是一切順利，新的部署群組就建立好了。你可以查看 AWS CodeDeploy 的網頁或是透過下面這條指令從「指令列介面」確認建立的結果：

```
$ aws deploy list-deployment-groups \
    --application-name helloworld
{
    "applicationName": "helloworld",
    "deploymentGroups": [
        "staging",
        "production"
    ]
}
```

# 將持續交付步驟增加到流水線中

如本章前述所示，流水線的流程可以分為好幾個階段。

而在 CodePipeline 當中，這些階段會以類別來進行分類。到目前為止，我們已經看過三種類別的階段了：來源（source）、部署（deploy）以及測試（test），而為了在將服務部署到正式環境之前「再增加一個確認步驟」，這邊會再用到另外一個類別：**審核（approval）**。

審核的動作可以在有作業等候審查時，提供各種設定選項來發送通知。為了說明此點，這邊要建立一個新的 SNS 主題，然後訂閱。如果你還記得，「第 3 章，基礎設施程式化」曾提及 SNS 就是我們要用來監控基礎設施的簡訊通知服務（simple notification service）。

首先透過指令列介面來建立一個新的主題，然後訂閱：

```
$ aws sns create-topic --name production-deploy-approval
{
    "TopicArn": "arn:aws:sns:us-east-1:511912822958:production-
    deployapproval"
}
```

接著，這邊我們選擇以電子郵件的方式訂閱。SNS 服務支援各種不同的通知協定，包括 SMS、HTTP 以及 SQS，而要進行訂閱就要先知道主題本身的 ARN 編號，也就是前面那則指令的輸出結果：

```
$ aws sns subscribe --topic-arn \
    arn:aws:sns:us-east-1:511912822958:production-deploy-approval \
    --protocol email \
    --notification-endpoint 你的電子郵件信箱
{
    "SubscriptionArn": "pending confirmation"
}
```

請前往電子郵件的收件箱確認訂閱。

這樣就可以來新增階段了，先從審核階段開始做起：

1. 從瀏覽器開啟 https://console.aws.amazon.com/codepipeline 頁面。

2. 選擇 helloworld 應用服務。

3. 點擊流水線頁面上方的 Edit（編輯）。

4. 在流水線當中 Beta 階段的下方，點擊「+ Stage」按鈕。

5. 將這個階段命名為 Approval。

6. 點擊「+ **Action**」。

7. 從 **Action Category**（動作類別）選單中選擇 **Approval**（審核）。

8. 將動作命名為 **Approval**。

9. 選擇審核動作的類型為 **Manual approval**（手動審核）。

10. 接著選擇我們方才建立好的 **SNS topic**（SNS 主題）。還好表單有支援自動完成功能，因此只要輸入「production deploy」關鍵字的話，應該就可以輕易找到主題。

11. 最後，點擊 **Add action**（新增動作）。接下來，我們要在審核階段之後，再增加「部署到正式環境」的步驟。

12. 在方才新建立好的 Approval 階段下方點擊「**+ Stage**」按鈕。

13. 將這個新階段命名為 **Production**。

14. 點擊「**+ Action**」。

15. 選擇 **Deploy**（部署）類別。

16. 將這個動作命名為 **Production**。

17. 選擇 **CodeDeploy** 作為來源提供者。

18. 將應用服務名稱命名為 helloworld。

19. 選擇 **production** 部署群組。

20. 選擇 MyApp 作為要部署的物件。

21. **點擊 Add action（新增動作）。**

22. 最後點擊流水線頁面上方的 **Save pipeline changes**（保存流水線變更）完成新階段的建立。

這樣就可以再點擊一次 **Release change**（發佈變更）來測試流水線的更新狀況了。

流水線首先會經過一開始的三個階段，接著就會停在「審核階段」這個地方。如果你去電子郵件信箱中收信的話，就會看到通知你審核變更的一條網址鏈結。或者你也可以直接透過網頁介面，然後點擊顯示在審核階段的「確認按鈕」：

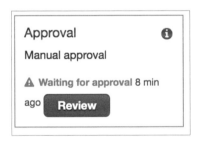

在你仔細確認完變更之後，可以選擇通過或退回審核。如果批准通過，就會繼續前進到流水線最後的部署步驟，開始進行正式環境的程式部署作業。

這樣一來，我們就完成整個發佈作業的自動化流程了。這個 helloworld 應用服務範例雖然無法代表實務上的應用服務，但這條流水線卻與「實務的情境」相去不遠。這條用作範例的流水線可以作為一個「有所保障的設計基底」，依此再建立各種環境下「更為複雜的應用服務部署作業」。

只要可以迅捷地將新功能與服務發佈給客戶，毫無疑問就能「減少」過程中可能發生的變數干擾。而建立一條持續部署流水線的最後一個步驟,則是將發佈程式到正式環境之前的「手動審核流程」移除,以此確保在發佈過程當中不會最後還卡著一個人工介入的步驟。數年以來,有許多企業提出了各種確保正式環境部署「可信度」的流程策略,而在下一個段落當中,我們會介紹幾種你可以參考採用的方案。

## 在正式環境上建立持續部署的方式

如同先前一樣,第一道防禦線應該是你是否有針對產品中大部分的敏感弱點以及功能,「規劃足夠的測試項目」以及「仔細的驗證指令檔」。而接下來有數種較為知名的策略與技術,可以確保持續部署流水線的可信度,本段落中會介紹當中的三者。

# 即時異常回報

這條流水線的效率是既快又準。而根據你的服務特性而定,當然也可以「信任」開發團隊產製的程式碼品質,並總是直接將程式一路部署到正式環境去。但如果對「紀錄檔以及應用服務的量化數據」加上監控機制,就可以進一步在程式部署之後,當有問題發生時,馬上收到回報。之後就能靠 CodeDeploy 的功能迅速將舊版的發佈程式「重新部署」進行還原。

> 如果你採用這種策略,當問題發生時,直接還原「回到前一個版本」就對了。或許你知道是發生什麼問題,或許也知道該怎麼修正這個問題,但當你聽聞線上的使用者正在受到影響,這隨之而來的「壓力」可能會導致你發生更多失誤,使得更嚴重的狀況發生。

# 先行測試的部署方式

跟上面的策略類似,同樣是直接將程式一路部署直到正式環境,但有時候你可以「設下限制」,只讓「部份流量」使用新版的程式。你可以建立一個系統,在每次發佈之後的一小段時間內,將「少量比例的流量」導向運行新版程式的伺服器,然後跟原先版本比較「錯誤的發生比例」以及「效能」。一般來說,以 10 分鐘的時間對 10% 的流量進行測試,應該就能收集到足夠的資訊來判斷新版程式的品質。如果超過 10 分鐘後,還是一切相安無事,那麼就能將 100% 的流量都導向新版本的服務了。

但記憶體漏泄(memory leak)這種程式缺失要花比較長的時間才會發生。因此在部署完成之後,要繼續密切監視各項系統與重要的量化數據項目,以確保不會有異常發生:

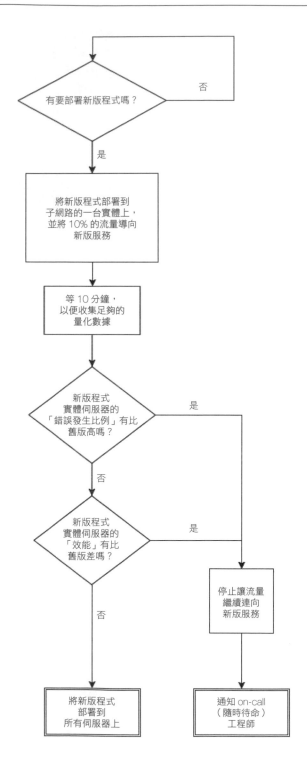

# 功能標記

這種方式又被稱為「漸層上線」（dark launch）。這是我們要介紹的最後一種策略，也是最難實作、卻最有效的一種，並被大多數知名的科技公司所採用。這種策略的概念是在每個功能當中都設置了切換開關，當你要將新功能的程式進行部署時，先將該功能設置為關閉。之後再逐步地對各個子網路下的使用者開放。一開始，可能只有企業內部員工可以體驗這項新功能。之後再依決斷，引進可信任的使用者群組，增加可以使用到這項新功能的人數。起初可能只有 20% 的使用者可以使用，再接下來是 50%，之後逐漸增加比例。只要情況允許你進行「非正式發表」，那麼這類功能就可以在正式環境下進行「內測」和「公測」，並同時進行維護，像是關閉某個特定的功能進行測試，或是進行負載測試等。

Facebook 上的一篇貼文描述了一則關於「漸層上線」的最佳實例。在 2008 年時，當時 Facebook 想要發表他們的訊息功能，但這是第一次 Facebook 以「Erlang 程式語言」所開發的服務，因此對他們來說是項挑戰。為了確保服務能夠承受 Facebook 線上的規模，他們採用了「漸層上線」的策略。在「正式發表前」的那幾個月內，他們先釋出了在使用者介面中「看不到的功能」，以便用正式環境的流量進行「模擬測試」。線上使用者的瀏覽器會連到聊天伺服器，然後私底下發送與接收訊息來「模擬網路負載」。當服務最終正式上線時，Facebook 並沒有重新發佈一版程式，而是單純切換開關，讓聊天功能視窗出現在使用者介面。關於這起上線過程的更多細節，可以參考此處：https://www.facebook.com/notes/facebookengineering/facebook-chat/14218138919/

# 小結

在本章節中，我們探討了 DevOps 哲學當中最重要的其中一個面向：如何改變你發佈程式的方式。

第一個目標是改善開發者的生產效率。為此，我們打造了一條「持續整合流水線」，利用了 Jenkins 與 GitHub，建立了新的工作流程，讓開發者可以在「各自的分支版本庫中」簽入自己的程式碼，然後再發送更新請求。這些分支版本會自動由 Jenkins 進行測試，然後再由單位同仁審核，以確保簽入的程式碼符合品質標準。

拜此所賜，我們能保持「在主分支版本庫中的專案程式」的優良品質，並可以發佈到測試環境。為此，我們打造了一條「持續部署流水線」，利用 AWS 雲端服務平台提供的 CodeDeploy 與 CodePipeline，很快就建立起一條「擁有完整功能」的流水線了。這條流水線擁有「身為一個維運人員」渴求的一切功能。它可以自動從開發人員整合好的更新請求中「下載程式變更」，然後建立應用服務的新版部署包，將部署包物件「上傳」到 S3 儲存桶服務中，再部署到測試環境。當新版程式部署完成後，還可以用「驗證步驟」來確認應用服務是否有異常情形，當必要時，也可以輕易還原。

在完成「持續部署流水線」的建置之後，我們進一步加上了「持續交付」的功能，以便依照判斷來決定是否要部署到正式環境。此外也利用 Jenkins，在流水線內加上了額外的整合測試階段。最後，我們探討了各種建立「持續部署流水線」的不同技術與策略，不管是什麼服務，都可以在一天之內進行數十次到正式環境的部署。

# 課後複習

1. 什麼是「持續整合」、「持續部署」以及「持續交付」？

2. Jenkins 是什麼？在軟體開發生命週期中又扮演了什麼角色？

3. 請描述一下如何打造你的第一條持續部署流水線。

# 延伸閱讀

更多資訊請參考下列文章：

- **Jenkins 參考資料**：https://jenkins.io/

- **Mocha 參考資料**：https://mochajs.org/

- **AWS CodeDeploy 參考資料**：https://docs.aws.amazon.com/codedeploy/latest/userguide/welcome.html

- **AWS CodePipeline 參考資料**：https://docs.aws.amazon.com/codepipeline/latest/userguide/welcome.html

# 5

# 以 AWS 為基礎的容器服務

容器（Container，或稱貨櫃、集裝箱）在許多大型科技公司的**軟體開發生命週期**
（**SDLC，software development life cycle**）當中可說是「核心技術」之一。

到目前為止，我們都在使用自己的電腦來進行應用服務開發。這對「本書範例中的 Hello
World 應用服務」這種「較單純的專案」來說沒什麼問題，但是，當面對「更複雜、牽
涉許多相依性關係」的專案時，情況就完全不同了。或許你也曾經聽說這種案例？某些
功能在一個開發者的筆電上很正常，但到了其他同仁手中卻無法運作，甚至更糟的是
「到了正式環境上才發現異常」。這類問題的原因通常是來自於環境的差異性。先前當
我們建立測試與正式環境時，都是依靠 CloudFormation、Terraform 以及 Ansible，才
能維持這些環境的一致性，可不幸的是，本地端的開發環境就沒有這麼好命了。

但只要引入「容器」就能解決這個問題。只要有了容器，就能夠將與應用服務相關的
「作業系統」、「程式碼」甚至「相關聯的一切」都打包起來。此外，之後當我們準備
將「目前為止的一切」都包裝為「一個整體的解決方案」時，容器也能發揮很大的作
用。

本章的內容將會介紹 Docker 這個目前「最熱門的容器技術」。我們會先簡單介紹一下
Docker 是什麼，以及基本的操作，之後，就要準備套用在範例的應用服務上面。這能讓
我們從「開發者的觀點」更深入了解 Docker 的價值所在。本章所介紹的主題包括：

- 在 Hello World 應用服務當中引入 Docker
- 使用 EC2 容器服務
- 建立用於 ECS 部署的持續整合／部署流水線

雖然本書介紹的是 ECS 容器管理服務項目，但你也可以在 AWS 雲端服務平台上使用其他種類的 Docker。像是可以參考 CoreOS Tectonic（`https://tectonic.com/`）、Mesosphere DC/OS（`https://mesosphere.com`）或是 Docker Datacenter（`https://www.docker.com/products/docker-datacenter`）。

# 在 Hello World 應用服務當中引入 Docker

Docker（或一般所稱的容器技術）是一項非常強大的工具，值得你花一點時間去了解。當中結合了「包括 **Union 檔案系統（UCF，union-capable filesystem）**在內」的數種「資源隔離性（resource isolation）功能」，以此打造出被稱為「容器」的一種套件包，將運行此應用服務「所需的一切」涵括在內。容器就像是一台「無外部相依性關係」的虛擬機器一樣，但一般的虛擬機器是將「硬體層」虛擬化，容器則是將「作業系統層」虛擬化。這兩者有著很大的差別。就像你已經體驗過的，要啟動一台「如 EC2 實體之類」的虛擬機器很花時間。這是因為要啟動一台虛擬機器，需要模擬啟動一台真實伺服器情境下的各種細節，然後載入作業系統、切換執行層級等等。此外，一般的虛擬機器相較之下也會佔用較多的磁碟以及記憶體空間。但如果換作是 Docker 技術，這些因為虛擬層所帶來的影響就會減輕，而容器所佔用的空間也較小。為了說明這點，我們要先安裝 Docker，並從稍微介紹其基本操作開始。

## Docker，從頭說起

在開始使用 Docker 之前，最好先了解一下 Docker 背後的核心概念與架構為何。我們首先從介紹 Docker 技術對「軟體開發生命週期」帶來了什麼影響開始，之後則會著手在電腦上安裝 Docker，接著說明使用 Docker 時一些「最常見的操作指令」。

# Docker 的組成

要了解 Docker 如何運作，最好的方式就是將我們目前所建立的架構，拿來跟 Docker 進行比較，很快便能一目了然：

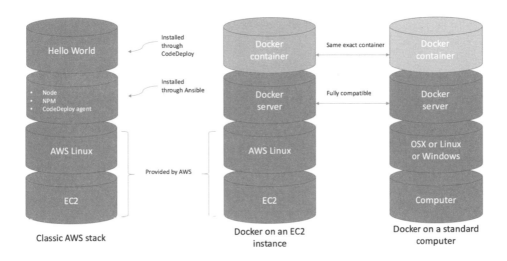

上圖的說明如下：

- 最左邊的第一組堆疊（stack），顯示的是我們到目前為止所建立的架構。最底層是使用 EC2 實體服務項目，並搭配 AMI 提供的「AWS 版本 Linux 系統」，然後在 userdata 欄位的幫助下，安裝了 Ansible 協助我們設定系統。當 Ansible 就緒後，就會進行系統環境的安裝與設定，之後 CodeDeploy 便能部署應用服務並運行起來。

- 中間的這一組堆疊，展示的是在 EC2 實體上使用 Docker 技術的架構。首先用一樣的方式啟動一台運行著 AMI 提供的「AWS 版本 Linux 系統」，但這次並不使用 Ansible 與 CodeDeploy，而是安裝一套 Docker 伺服器應用服務（Docker server application）。之後則是部署一包 Docker 容器，在這包容器當中則涵括「先前透過 Ansible 與 CodeDeploy 所提供的」一切細節。

- 最後，最右邊的這一組堆疊則是我們想要在這類架構中尋求的「解答與其優勢」所在：也就是說，不論你底層的系統環境架構為何，只要上面運行的是 Docker 伺服器，就能保證同一包容器的運行無誤。這表示我們可以對「將來要部署在 EC2 實體上的東西」確實進行測試。同樣的，如果運行在 EC2 實體上的這包容器出現異常，也可以「反向」在本地端運行這包容器，並試著從中找出原因。

為了實現這類架構，Docker 運用了數種重要的概念技術，在此以下圖說明：

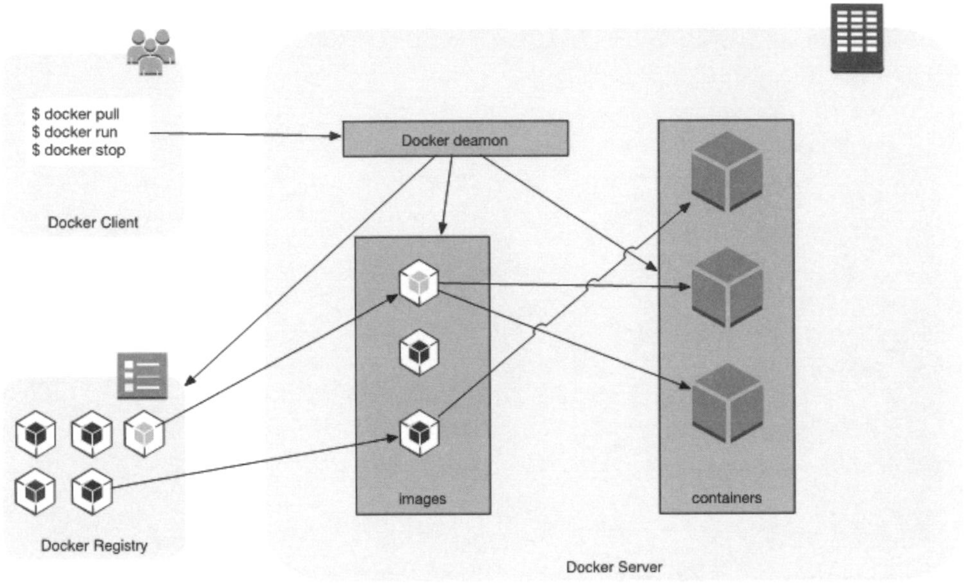

作為整個架構的核心，Docker 會執行一個 daemon 來載入映像檔（類似「描述應用服務堆疊」的模板檔，當中描述的包括作業系統、應用服務程式碼以及相關聯的一切細節），然後以容器這種「無外部相依性關係」的「資料夾」進行運作。如果從開發人員的角度來看 Docker，你大多數時候都會是「在既存的映像檔上」添增新的指令，以此打造出另一份新的映像檔。映像檔則可以保存在外部的檔案庫中，而檔案庫可以是公開的，也可以不公開。最後，所有與 Docker 之間的互動都可以透過「REST 標準的 API 介面」完成，通常是透過指令列介面操作。

## 實際操作 Docker

要親眼看看 Docker 實際運作的情形，就要先安裝在本地端電腦上。安裝 Docker 很簡單，你可以參考 `http://dockr.ly/2iVx6yG` 上提供的指引，而且在 Mac、Linux 和 Windows 上都可以安裝。Docker 的安裝提供兩種版本：**Docker Community Edition（CE，社群版本）**以及 **Docker Enterprise Edition（EE，企業版本）**。由於本書所使用的幾乎都是「開放原始碼工具」，因此我們選擇使用免費的 CE 版本 Docker。底下的範例一樣是在「以 Linux 為基礎的 Centos 7.x 發佈版本」上所進行的操作，如果你採用相同的作業系統，那可以參考 `https://docs.docker.com/install/linux/docker-`

ce/centos 來設定本地端系統上的 Docker。當你安裝好 Docker CE 後，記得用 docker 指令工具驗證一下安裝的 Docker 版本。在本書寫成的當下，目前最新的 Docker 版本號為 18.06，但你屆時可能會安裝到更新的版本了：

```
$ docker –version
Docker version 18.06.1-ce, build e68fc7a
```

等 Docker 安裝好，開始運作後，便能依照下列方式進行操作：

1. 第一件事情是從檔案庫下載一份映像檔。在預設上 Docker 會使用 Docker Hub （https://hub.docker.com）這個由 Docker Inc. 公司所提供的「官方檔案庫」。要下載映像檔的話，請依以下指令執行：

   **$ docker pull alpine**

   然後選擇 latest 作為預設要下載的檔案標籤，如下所示：

   ```
   Using default tag: latest
   latest: Pulling from library/alpine
   8e3ba11ec2a2: Pull complete
   Digest:
   sha256:7043076348bf5040220df6ad703798fd8593a0918d06d3ce30c6c93be11
   7e430
   Status: Downloaded newer image for alpine:latest
   ```

2. 幾秒鐘後，Docker 就會從檔案庫中下載一份名稱為 alpine 的映像檔。這是擁有完整套件包的「Alpine 版本 Linux」的精簡「Docker 映像檔」。大小僅有 4.41MB 而已：

   ```
   $ docker images
   REPOSITORY    TAG        IMAGE ID        CREATED         SIZE
   alpine        latest     11cd0b38bc3c    2 months ago    4.41 MB
   ```

   在使用 Docker 的時候，映像檔的大小很重要。就結論而言，建議你應該要盡量使用像 Alpine Linux 這類小型的映像檔作為基礎。

3. 現在就可以將容器運行起來了。只要執行底下這行簡短的指令即可：

   **$ docker run alpine echo "Hello World" Hello World**

4. 表面上看來好像什麼事情都沒發生，而且上面那條指令的輸出結果，跟我們不使用 Docker 直接下「echo Hello World」是一模一樣的。但其實暗地裡發生了很多事情：Docker 先是從我們下載的映像檔中載入了 alpine 版本的 Linux，接著透過 Alpine 作業系統執行了 echo 這個指令，印出了 Hello World 訊息。最後，因為 echo 這條指令的執行已經完成了，所以容器也隨之停止運作。

不過你也可以將容器以更互動的模式運行，如下所示：

- 比方說，我們可以用底下這條指令，啟動一個指令列環境，然後進行互動：

```
$ docker run -it alpine /bin/sh
```

指令當中 -i 這個參數指的就是「互動模式」，這能讓我們在容器中輸入指令。而 -t 這個參數則是會開啟一個不具名的終端（TTY），讓我們可以看到「輸入的指令內容」，以及看到指令的「輸出結果」。

- 你還可以用 -d 這個參數將容器以「背景模式」運行，以便將容器與目前操作的終端分離：

```
$ docker run -d alpine sleep 1000
c274537aec04d08c3033f45ab723ba90bcb40240d265851b28f39122199b0600
```

指令的輸出結果顯示的是「這個運行了 alpine 映像檔的容器」所屬的「64 位元長度識別編號」，然後執行 sleep 1000 這條指令。

- 還可以用底下這條指令來查看「各個運行中的容器」的運行狀況：

```
$ docker ps
```

指令的輸出結果應如下圖所示：

```
CONTAINER ID    IMAGE     COMMAND        CREATED          STATUS          PORTS    NAMES

ID 識別編號      alpine    "sleep 1000"   34 seconds ago   Up 33 seconds            ID 名稱
```

- 運行中的容器可以用 stop 參數，加上容器的「名稱」或「編號」來停止（容器的「識別編號」與「名稱」可以從 docker ps 指令的「輸出結果」中得知）：

```
$ docker stop ID 識別編號
ID 識別編號
```

或是用下面這種方式：

```
$ docker stop   ID 識別名稱
ID 識別名稱
```

- 而被停下來的容器還可以用 start 參數再次啟動，如下所示：

```
$ docker start   ID 識別名稱
ID 識別名稱
```

- 最後，還可以用 rm 參數來移除容器，但記得在移除之前一定要先停止：

```
$ docker stop <ID 識別編號 / 名稱 >
$ docker rm <ID 識別編號 / 名稱 >
```

以上簡短的介紹讓你在閱讀本章內容時能有基礎知識。在接下來的內容中將會看到更多不同的指令用法。但如果你想要了解完整的參數列表，可以執行 docker help 指令，或是直接到 http://dockr.ly/2jEF8hj 查看 Docker 的指令列介面手冊。雖然透過容器來執行指令的功能很有用，但 Docker 真正的優勢之處在於可以應對「包括我們所寫的應用服務在內」的「各種程式碼」。因此，我們要利用 Docker 的另外一項核心概念：Dockerfile。

# 建立 Dockerfile

所謂的 Dockerfile 是一種純文字檔案，通常是搭配對應的應用服務，用來指示 Docker 要如何組建「新的 Docker 映像檔」。透過這些檔案，你可以指定 Docker 要啟動哪份映像檔、要把哪些檔案複製到「容器的檔案系統」內、要對外開啟哪個網路埠等等的細節。在 http://dockr.ly/2jmoZMw 上可以找到關於 Dockerfile 的完整說明。接著我們要在 helloworld 專案的 GitHub 版本庫資料夾下，給 Hello World 應用服務建立一份 Dockerfile，使用的指令如下：

```
$ cd helloworld
$ touch Dockerfile
```

在 Dockerfile 當中，第一行指令一定都是 FROM 指令，因為要用這條指令來告訴 Docker 啟動「哪一份 Docker 映像檔」。我們可以像前面一樣使用 Alpine 映像檔，但有時也可以稍微省點力氣，採用其他「不只是單純安裝作業系統」的映像檔。只要透過 Docker Hub 這個官方的 Docker 檔案庫，就能夠使用被稱為 official 的版本庫，內含各種由 Docker 官方所提供的映像檔。由於我們已經知道「要運行範例應用服務」就要使用 Node.js 與 npm，因此可以透過 Docker 的指令列介面來搜尋一下官方的 node 相關映像檔。使用 docker search 指令，然後針對官方映像檔進行篩選如下：

```
$ docker search --filter=is-official=true node
NAME      DESCRIPTION                                STARS OFFICIAL
AUTOMATED
node      Node.js is a JavaScript-based platform for s…  6123 [OK]
```

另外一種方法，也可以直接透過瀏覽器上網搜尋確認。總之，最後都會找到同樣的這個映像檔：https://hub.docker.com/_/node/。底下這張截圖可以看出這份映像檔提供了各種不同版本：

---

## Supported tags and respective **Dockerfile** links

- `7.4.0`, `7.4`, `7`, `latest` *(7.4/Dockerfile)*
- `7.4.0-alpine`, `7.4-alpine`, `7-alpine`, `alpine` *(7.4/alpine/Dockerfile)*
- `7.4.0-onbuild`, `7.4-onbuild`, `7-onbuild`, `onbuild` *(7.4/onbuild/Dockerfile)*
- `7.4.0-slim`, `7.4-slim`, `7-slim`, `slim` *(7.4/slim/Dockerfile)*
- `7.4.0-wheezy`, `7.4-wheezy`, `7-wheezy`, `wheezy` *(7.4/wheezy/Dockerfile)*
- `6.9.4`, `6.9`, `6`, `boron` *(6.9/Dockerfile)*
- `6.9.4-alpine`, `6.9-alpine`, `6-alpine`, `boron-alpine` *(6.9/alpine/Dockerfile)*
- `6.9.4-onbuild`, `6.9-onbuild`, `6-onbuild`, `boron-onbuild` *(6.9/onbuild/Dockerfile)*
- `6.9.4-slim`, `6.9-slim`, `6-slim`, `boron-slim` *(6.9/slim/Dockerfile)*
- `6.9.4-wheezy`, `6.9-wheezy`, `6-wheezy`, `boron-wheezy` *(6.9/wheezy/Dockerfile)*
- `4.7.2`, `4.7`, `4`, `argon` *(4.7/Dockerfile)*
- `4.7.2-alpine`, `4.7-alpine`, `4-alpine`, `argon-alpine` *(4.7/alpine/Dockerfile)*
- `4.7.2-onbuild`, `4.7-onbuild`, `4-onbuild`, `argon-onbuild` *(4.7/onbuild/Dockerfile)*
- `4.7.2-slim`, `4.7-slim`, `4-slim`, `argon-slim` *(4.7/slim/Dockerfile)*
- `4.7.2-wheezy`, `4.7-wheezy`, `4-wheezy`, `argon-wheezy` *(4.7/wheezy/Dockerfile)*

---

Docker 的映像檔都會以一個名稱與標籤進行識別，格式是 < 名稱 >:< 標籤 >。如果沒有顯示標籤的話，通常預設就是 `latest` 標籤的映像檔。透過先前執行 `docker pull` 指令所顯示的輸出結果，我們也可以看到結果出現 `Using default tag: latest` 的情形。但在建立一份 Dockerfile 時，最好能夠指定要採用的標籤，這樣才不會隨時間導致使用的映像檔有所變動（也就是不要使用到 `latest` 標籤的意思）。

如果你是打算將「目前已經運行在 AWS 版本 Linux 上的應用服務」移植過來，而且會使用某些特定於該作業系統的功能，那麼可以考慮使用 AWS 官方所提供的 Docker 映像檔。請參考 http://amzn.to/2jnmklF 了解更多細節。

所以在我們 Dockerfile 檔案的開頭第一行，寫入如下內容：

```
FROM node:carbon
```

這行會指定 Docker 要使用「特定版本的 node 映像檔」，而這也代表我們不用再自己想辦法安裝 node 或是 npm。既然已經擁有運行應用服務所需的作業系統與執行環境了，只要開始思考如何將應用服務「加進這份映像檔中」。首先，要在 node:carbon 映像檔的檔案系統頂層中建立一個資料夾，用於存放程式檔案。使用 RUN 指令就可以完成：

```
RUN mkdir -p /usr/local/helloworld/
```

接著要將應用服務相關的檔案「複製」到映像檔中。這邊使用的是 COPY 指令：

```
COPY helloworld.js package.json /usr/local/helloworld/
```

然後使用 WORKDIR 指令將工作路徑改到 helloworld 目錄底下：

```
WORKDIR /usr/local/helloworld/
```

現在就能來呼叫 npm install 指令，下載並安裝相關的相依性關係了。但因為這包容器不會被用於測試程式，所以只要安裝「使用於正式環境版本」的 npm 套件包就好，如下所示：

```
RUN npm install --production
```

我們的應用服務需要使用網路埠 3000，因此需要開啟這個網路埠的連通。為此要使用 EXPOSE 指令：

```
EXPOSE 3000
```

最後就要來啟動應用服務了。這邊要使用 ENTRYPOINT 這個指令：

```
ENTRYPOINT [ "node", "helloworld.js" ]
```

這樣就可以存檔了，檔案內容應該會跟這份類似：http://bit.ly/2vaWYRy。接著就來組建我們自己的新映像檔吧。

請回到終端機畫面，這次一樣要呼叫 docker 指令，但要使用 build 參數。此外還要加上 -t 參數來將映像檔命名為 helloworld。指令最後的點（.）符號表示我們 Dockerfile 所在的位置：

```
$ docker build -t helloworld .
Sending build context to Docker daemon 4.608kB
Step 1/7 : FROM node:carbon
carbon: Pulling from library/node
f189db1b88b3: Pull complete
3d06cf2f1b5e: Pull complete
687ebdda822c: Pull complete
99119ca3f34e: Pull complete
```

```
e771d6006054: Pull complete
b0cc28d0be2c: Pull complete
9bbe77ca0944: Pull complete
75f7d70e2d07: Pull complete
Digest:
sha256:3422df4f7532b26b55275ad7b6dc17ec35f77192b04ce22e62e43541f3d28eb3
Status: Downloaded newer image for node:carbon
 ---> 8198006b2b57
Step 2/7 : RUN mkdir -p /usr/local/helloworld/
 ---> Running in 2c727397cb3e
Removing intermediate container 2c727397cb3e
 ---> dfce290bb326
Step 3/7 : COPY helloworld.js package.json /usr/local/helloworld/
 ---> ad79109b5462
Step 4/7 : WORKDIR /usr/local/helloworld/
 ---> Running in e712a394acd7
Removing intermediate container e712a394acd7
 ---> b80e558dff23
Step 5/7 : RUN npm install --production
 ---> Running in 53c81e3c707a
npm notice created a lockfile as package-lock.json. You should commit this
file.
npm WARN helloworld@1.0.0 No description

up to date in 0.089s
Removing intermediate container 53c81e3c707a
 ---> 66c0acc080f2
Step 6/7 : EXPOSE 3000
 ---> Running in 8ceba9409a63
Removing intermediate container 8ceba9409a63
  ---> 1902103f865c
Step 7/7 : ENTRYPOINT [ "node", "helloworld.js" ]
 ---> Running in f73783248c5f
Removing intermediate container f73783248c5f
 ---> 4a6cb81d088d
Successfully built 4a6cb81d088d
Successfully tagged helloworld:latest
```

如同上面可以看到的，每一條指令的執行都會因為該步驟的變更，而在過程中產生一個
過渡版本容器。

現在就可以利用這份新產生的映像檔，照著以下的指令來建立容器了：

```
$ docker run -p 3000:3000 -d helloworld
e47e4130e545e1b2d5eb2b8abb3a228dada2b194230f96f462a5612af521ddc5
```

我們在上面這條指令中使用了 `-p` 參數，來將容器開啟的「對外網路埠」向外對應到機器的「實體網路埠」上。執行後有幾種方式可以驗證容器的運行正常與否，像是可以查看容器本身產生的紀錄檔內容（請將「容器 ID 識別編號」替換為上面那條指令的「實際輸出結果」）：

```
$ docker logs
e47e4130e545e1b2d5eb2b8abb3a228dada2b194230f96f462a5612af521ddc5
Server running
```

也可以用 docker ps 指令來查看容器目前的狀態：

```
$ docker ps
```

指令的輸出結果應如下所示：

```
CONTAINER ID  IMAGE       COMMAND              CREATED        STATUS        PORTS                  NAMES

ID 識別編號    helloworld  "node helloworld.js" 2 minutes ago  Up 2 minutes  0.0.0.0:3000->3000/tcp  ID名稱
```

當然也可以直接用 curl 指令測試應用服務的運作：

```
$ curl localhost:3000
Hello World
```

最後，用「docker kill 指令」加上「容器的識別編號」刪除容器：

```
$ docker kill 容器的識別編號
容器的識別編號
```

既然已經確認這份映像檔可以運作無誤了，那就放心簽入 GitHub：

```
$ git add Dockerfile
$ git commit -m "Adding Dockerfile"
$ git push
```

此外，你還可以申請一個免費的 Docker Hub 帳號，然後把這份「新映像檔」上傳上去。如果想試試看的話，可以參考這邊的指引：`http://dockr.ly/2ki6DQV`。

在能夠輕易地透過容器分享環境設定之後，就可以使「共同開發專案」這件事有根本性的變化。比起分享程式然後「叫對方自己編譯或組建套件包」來說，只要分享 Docker 映像檔即可。比方說，你可以執行下面這條指令：

```
docker pull effectivedevops/helloworld
```

然後你就能夠使用「跟我一模一樣的 Hello World 應用服務」，無論底層實際的架構如何。這種運行應用服務的新型方式，使得 Docker 在「分享工作成果」或是「進行專案共同開發」上，成為一項非常有力的解決方案。不過 Docker 的潛力還不止於此，我們接下來要介紹的「將容器使用在正式環境上」也是非常吸引人的一種用法。為了能夠輕易實現這種方案，AWS 雲端服務平台提供了 EC2 容器服務項目，我們要使用這項服務來部署「新建立好的 helloworld 映像檔」。

# 使用 EC2 容器服務

我們已經建立好屬於應用服務的 Docker 映像擋了，也向你展示過使用 Docker 來啟動一包容器是多輕鬆、迅捷的事情。這跟使用「像是 EC2 這類虛擬機器技術」相較起來，是相當大的體驗差異。但其中一點我們還沒有說到的是，其實你也可以用「同一份映像檔」啟動多包容器。比方說，可以用以下指令啟動五包 helloworld 容器，並綁定在五個不同的網路埠上（指令當中所使用的「映像檔識別編號」請修改為你自己建立的映像檔編號。需要時，可以先運行 Docker 映像檔來確認編號）：

```
$ for p in {3001..3005}; do docker run -d -p ${p}:3000 4a6cb81d088d; done
```

然後使用 ps 或 curl 指令來驗證一切運作無誤：

```
$ docker ps
$ curl localhost:3005
```

上述指令的輸出結果應如下所示：

```
$ docker ps
CONTAINER ID        IMAGE              COMMAND                CREATED
STATUS              PORTS                    NAMES
0b552a870731        e7deb47c0528       "node helloworld.js"    6 seconds
ago         Up 5 seconds         0.0.0.0:3005->3000/tcp   hungry_easley
cd0819ce968c        e7deb47c0528       "node helloworld.js"    7 seconds
ago         Up 6 seconds         0.0.0.0:3004->3000/tcp   nifty_meitner
fad5b94bb1d1        e7deb47c0528       "node helloworld.js"    8 seconds
ago         Up 7 seconds         0.0.0.0:3003->3000/tcp   agitated_khorana
ad69359b9630        e7deb47c0528       "node helloworld.js"    8 seconds
ago         Up 8 seconds         0.0.0.0:3002->3000/tcp   practical_poincare
32631a70b37a        e7deb47c0528       "node helloworld.js"    9 seconds
ago         Up 8 seconds         0.0.0.0:3001->3000/tcp   affectionate_pare
$ curl localhost:3005
Hello World
```

**關於清除容器一事**

只要用這兩行指令，就可以把所有容器都停下來並移除，將環境清理乾淨：

- $ docker stop $(docker ps -a -q)
- $ docker system prune

這種幾乎不需要花上多長時間，便能在一台電腦上啟動多包容器的能力，使得 Docker 成為建置正式環境的首選之一。此外，越來越多的企業也決定採用新式的服務導向架構，把事業中各項功能都「切割」為各種服務項目，這通常又被稱為**微服務（microservice）**架構。而 Docker 生來正是「建置與管理微服務架構」的首選，這是因為它提供了一個可以「無視開發語言類型」的平台（基本上你可以在容器中運行「任何程式語言」所開發出的應用服務），而且能夠輕易地就達成在水平或垂直方向上的擴展。在部署上，由於不需要再針對各項服務個別進行部署，因此可以採用「通用的容器部署方案」。我們同樣會在容器架構的建置上，引入基礎設施程式化（IaC，Infrastructure as Code）的最佳實務原則，並在 Troposphere 的協助下使用 CloudFormation 服務項目。接下來在這個過程中，第一個要介紹的服務項目是 AWS 容器登錄檔案庫（ECR，Elastic Container Registry）。

# 建立 ECR 版本庫來管理 Docker 映像檔

我們在本章節一開始使用的是 Docker Hub 所提供的開放檔案庫。而 AWS 雲端服務平台也有提供一個類似的服務項目叫做 ECR。這個服務可以將你的映像檔都保存在一個被稱為**版本庫（repository）**的私有檔案庫中。ECR 跟 Docker 的指令列介面可以完全相容，不過跟其他 ECS（彈性容器管理服務，Elastic Container Service）服務項目的整合更為完整。而我們就要來將 helloworld 映像檔存放在這個上面。

如同前述，要依靠 CloudFormation 來管理這些變更。但由於我們要建立的 ECS 基礎設施本身的特性相當模組化，故這部份會跟先前所做的有些不同。因為在實務上有時會想「將元件共享給其他服務」，因此我們要改成建立多份模板檔，然後再建立這些模板檔之間的「關聯」。其中一種建立「跨堆疊關聯」的方式是透過 CloudFormation 的導出（export）功能。

導出功能所提供的另外一項好處是安全保障的防呆機制（a fail-safe mechanism）。當導出的堆疊有被另外一個堆疊引用關聯時，你無法編輯或刪除它。

要產生模板檔就要先來編寫新的 Troposphere 指令檔。請先跳進 EffectiveDevOps Templates 的版本庫資料夾下，然後建立一個名為 ecr-repository-cf-template.py 的新指令檔案。

首先要引用一系列的模組，包括先前提及「用來導出的 Export 模組」以及「用來建立版本庫的 ecr 模組」。然後如同先前章節中所做的，建立模板物件本身的 t 變數：

```
"""Generating CloudFormation template."""

from troposphere import (
    Export,
    Join,
    Output,
    Parameter,
    Ref,
    Template
)
from troposphere.ecr import Repository
t = Template()
```

因為接下來本章節中預計會建立好幾份 CloudFormation 模板檔，因此最好加上描述訊息，這樣才能在 AWS 的主控台中查看時，分辨這些模板檔是做什麼用的：

```
t.add_description("Effective DevOps in AWS: ECR Repository")
```

然後新增一個參數，用來設定版本庫的名稱，這樣就可以在「每次要建立新的版本庫時」重複利用這份模板檔了：

```
t.add_parameter(Parameter(
    "RepoName",
    Type="String",
    Description="Name of the ECR repository to create"
))
```

接著如下建立版本庫：

```
t.add_resource(Repository(
    "Repository",
    RepositoryName=Ref("RepoName")
))
```

為了保持簡單，這邊沒有特別進行什麼權限設定，但如果你需要限制誰可以存取這份檔案版本庫，或是想要了解更進階設定的話，可以參考 AWS 雲端服務平台的說明手冊如 http://amzn.to/2j7hA2P。然後，透過模板變數 t 輸出建立好的版本庫名稱，並且進行導出：

```
t.add_output(Output(
    "Repository",
    Description="ECR repository",
    Value=Ref("RepoName"),
    Export=Export(Join("-", [Ref("RepoName"), "repo"])),
))
print(t.to_json())
```

這樣就可以存檔了。最後指令檔的內容應該跟這份類似： http://bit.ly/2w2p2D5。接著就要來產生 CloudFormation 模板並建立堆疊：

```
$ python ecr-repository-cf-template.py > ecr-repository-cf.template
$ aws cloudformation create-stack \
    --stack-name helloworld-ecr \
    --capabilities CAPABILITY_IAM \
    --template-body file://ecr-repository-cf.template \
    --parameters \ ParameterKey=RepoName,ParameterValue=helloworld
```

幾分鐘後，堆疊就建立好了。我們可以用下面的指令來驗證版本庫是否有正確被建立：

```
$ aws ecr describe-repositories
{
    "repositories": [
        {
            "registryId": "094507990803",
            "repositoryName": "helloworld",
            "repositoryArn": "arn:aws:ecr:us-east-
1:094507990803:repository/helloworld",
            "createdAt": 1536345671.0,
            "repositoryUri": "094507990803.dkr.ecr.us-east-1.amazonaws.
com/helloworld"
        }
    ]
}
```

然後用下面這條指令查看導出的輸出結果：

```
$ aws cloudformation list-exports
{
    "Exports": [
        {
            "ExportingStackId": "arn:aws:cloudformation:us-east-
1:094507990803:stack/helloworld-ecr/94d9ed70-b2cd-11e8-b767-50d501eed2b3",
            "Value": "helloworld",
            "Name": "helloworld-repo"
        }
    ]
}
```

這樣就能用「登錄檔版本庫」來存放 helloworld 映像檔了。接著要透過 Docker 指令列介面來進行操作。第一個步驟是登入 ecr 服務，你可以透過底下這行指令手動登入：

```
$ eval "$(aws ecr get-login --region us-east-1 --no-include-email )"
```

然後回到 Dockerfile 所在的 helloworld 資料夾，然後將這份映像檔加上標籤：

```
$ cd helloworld
```

一般會給「最新建立的映像檔版本」加上 latest 的標籤，但是你需要先根據 aws ecr describe-repositories 指令的輸出結果，修改底下這則指令的參數內容（我們假設你已經建立了你的映像檔）：

```
$ docker tag helloworld:latest 094507990803.dkr.ecr.useast-1.amazonaws.
com/helloworld:latest
```

這樣就可以將映像檔推送到版本庫了：

```
$ docker push 094507990803.dkr.ecr.useast-1.amazonaws.com/
helloworld:latest
The push refers to repository [094507990803.dkr.ecr.useast-1.amazonaws.
com/helloworld]
c7f21f8d59de: Pushed
3c36cf19a914: Pushed
8faa1d9821d6: Pushed
be0fb77bfb1f: Pushed
63c810287aa2: Pushed
2793dc0607dd: Pushed
74800c25aa8c: Pushed
```

```
ba504a540674: Pushed
81101ce649d5: Pushed
daf45b2cad9a: Pushed
8c466bf4ca6f: Pushed
latest: digest:
sha256:95906ec13adf9894e4611cd37c8a06569964af0adbb035fcafa6020994675161
size: 2628
```

你可以看到映像檔的每個部份都開始推送到版本庫中了。一旦所有作業都完成之後，確認一下映像檔是否確實進到版本庫中：

```
$ aws ecr describe-images --repository-name helloworld
{
    "imageDetails": [
        {
            "imageSizeInBytes": 265821145,
            "imageDigest":
            "sha256:95906ec13adf9894e4611cd37c8a06569964af0adbb035fca
fa6020994675161",
            "imageTags": [
                "latest"
            ],
            "registryId": "094507990803",
            "repositoryName": "helloworld",
            "imagePushedAt": 1536346218.0
        }
    ]
}
```

這樣一來，就可以將映像檔使用在「其他的基礎設施」上了。整個引入 Docker 的過程也來到下一個階段：建立 ECS 集群。

# 建立 ECS 集群

在 ECS 當中會以**任務（tasks）**為單位運行一組組的服務。

而為了應對流量，每項任務都可能重複再執行好幾次：

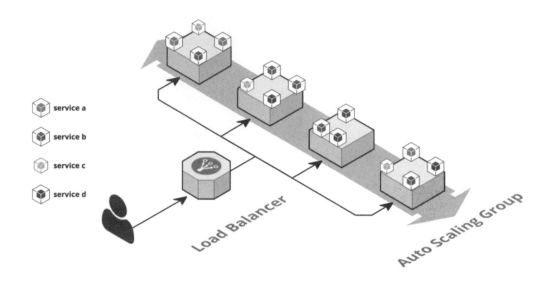

為此 ECS 服務項目另外提供了一層協調層（orchestration layer）。這個協調層會負責管理這些容器的生命週期，像是容器的升級、降級，以及擴展或縮編。協調層還會負責針對「所有集群中實體上的服務」，以「最佳化的方式」分配容器。最後，它也扮演了一個對外的管道，讓其他服務項目像是 ALB（應用服務負載平衡器，Application Load Balancer）與 ELB（彈性網路負載平衡器，Elastic Load Balancer）等可以「登錄」或是「取消登錄」容器。

一般來說，這個協調的功能會由「AWS 雲端服務平台」管理，但你也可以透過建立「任務管理原則」來進行自訂。這能讓你設定協調功能，以便調整實體的數量、負載分配、加上限制，以及確保特定任務「總是會在同一個實體上」運作。

接下來要建立一份新的指令檔來產生 ECS 集群，檔案名稱取為 `ecs-cluster-cf-template.py`：

```python
"""Generating CloudFormation template."""

from ipaddress import ip_network from ipify import get_ip
from troposphere import (
    Base64,
    Export,
    Join,
    Output,
    Parameter,
    Ref,
    Sub,
    Template,
    ec2
)

from troposphere.autoscaling import (
    AutoScalingGroup,
    LaunchConfiguration,
    ScalingPolicy
)

from troposphere.cloudwatch import (
    Alarm,
    MetricDimension
)
from troposphere.ecs import Cluster
from troposphere.iam import (
    InstanceProfile,
    Role
)
```

將網路 IP 位址擷取出來，以便用於 SSH 安全性群組的設定，然後宣告模板物件變數，並替堆疊加上描述訊息：

```python
PublicCidrIp = str(ip_network(get_ip()))
t = Template()
t.add_description("Effective DevOps in AWS: ECS Cluster")
```

接著加上參數項目，包括 SSH 金鑰組（SSH key-pair）、VPC 的識別編號（VPC ID）以及子網路的設定：

```
t.add_parameter(Parameter(
    "KeyPair",
    Description="Name of an existing EC2 KeyPair to SSH",
    Type="AWS::EC2::KeyPair::KeyName",
    ConstraintDescription="must be the name of an existing EC2 KeyPair.",
))

t.add_parameter(Parameter(
    "VpcId",
    Type="AWS::EC2::VPC::Id",
    Description="VPC"
))

t.add_parameter(Parameter(
    "PublicSubnet",
    Description="PublicSubnet",
    Type="List<AWS::EC2::Subnet::Id>",
    ConstraintDescription="PublicSubnet"
))
```

然後就是建立安全性群組資源：

```
t.add_resource(ec2.SecurityGroup(
    "SecurityGroup",
    GroupDescription="Allow SSH and private network access",
    SecurityGroupIngress=[
        ec2.SecurityGroupRule(
            IpProtocol="tcp",
            FromPort=0,
            ToPort=65535,
            CidrIp="172.16.0.0/12",
        ),
        ec2.SecurityGroupRule(
            IpProtocol="tcp",
            FromPort="22",
            ToPort="22",
            CidrIp=PublicCidrIp,
        ),
    ],
    VpcId=Ref("VpcId")
))
```

這裡我們直接對 CIDR 位址 72.16.0.0/12（也就是內部網路的私有網路位址區段）開放了所有網路埠。因為這樣才能讓 ECS 集群「在同一個機器上」運行多包 helloworld 容器，但每包容器都「綁定」在不同的網路埠。

現在就可以來建立集群的資源物件了。只要呼叫底下這行程式就好：

```
t.add_resource(Cluster(
    'ECSCluster',
))
```

接下來就要針對集群所在的實體進行設定，首先從 IAM 角色開始。由於這是一組由 ECS 建立為集群的複雜資源，而且需要跟「許多其他的 AWS 服務項目」進行互動，因此要靠自訂的話，就要確定建立的原則沒有遺漏，不然就是「直接引用」AWS 雲端服務平台已經設定好的原則，如下：

```
t.add_resource(Role(
    'EcsClusterRole',
    ManagedPolicyArns=[
        'arn:aws:iam::aws:policy/service-role/AmazonEC2RoleforSSM',
        'arn:aws:iam::aws:policy/AmazonEC2ContainerRegistryReadOnly',
        'arn:aws:iam::aws:policy/servicerole/
AmazonEC2ContainerServiceforEC2Role',
        'arn:aws:iam::aws:policy/CloudWatchFullAccess'
    ],
    AssumeRolePolicyDocument={
        'Version': '2012-10-17',
        'Statement': [{
            'Action': 'sts:AssumeRole',
            'Principal': {'Service': 'ec2.amazonaws.com'},
            'Effect': 'Allow',
        }]
    }
))
```

然後將角色加入實體身份檔中，如下所示：

```
t.add_resource(InstanceProfile(
    'EC2InstanceProfile',
    Roles=[Ref('EcsClusterRole')],
))
```

下一步，建立啟動設定檔，內容如底下這段程式片段：

```
t.add_resource(LaunchConfiguration(
    'ContainerInstances',
    UserData=Base64(Join('', [
        "#!/bin/bash -xe\n",
        "echo ECS_CLUSTER=",
        Ref('ECSCluster'),
        " >> /etc/ecs/ecs.config\n",
        "yum install -y aws-cfn-bootstrap\n",
        "/opt/aws/bin/cfn-signal -e $? ",
        " --stack ",
        Ref('AWS::StackName'),
        " --resource ECSAutoScalingGroup ",
        " --region ",
        Ref('AWS::Region'),
        "\n"])),
    ImageId='ami-04351e12',
    KeyName=Ref("KeyPair"),
    SecurityGroups=[Ref("SecurityGroup")],
    IamInstanceProfile=Ref('EC2InstanceProfile'),
    InstanceType='t2.micro',
    AssociatePublicIpAddress='true',
))
```

在本範例中，我們不再如先前「安裝 Ansible」，而是透過「ECS 最佳化 AMI」（詳情可自行參考 http://amzn.to/2jX0xVu）來使用 UserData 欄位「設定 ECS 服務」後，再啟動。啟動設定檔完成後，便可以建立自動擴展群組資源了。

在使用 ECS 方案時，需要在兩個層面上進行擴展：

- 其一是容器層，因為當面對尖峰流量時，需要運行更多服務容器才能應對。

- 其二是底層的基礎設施層。

這是因為容器會透過「任務定義檔」來對 CPU 與記憶體資源提出要求。比方說，要求 1024 單位的 CPU 資源（也就是一個核心）以及 256 單位的記憶體資源（也就是 256MB 的記憶體空間）。如果這兩者其中之一會使 ECS 實體的資源使用接近上限，那麼就需要往 ECS 自動擴展群組中「增加更多實體」才行了：

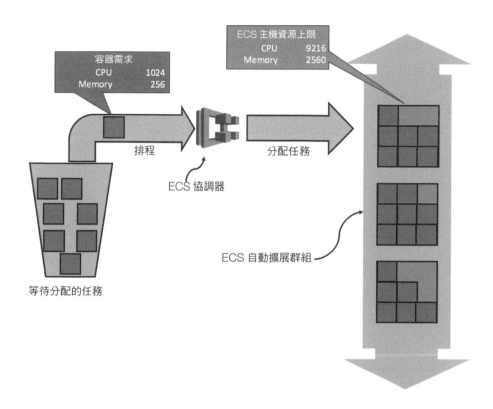

建立自動擴展群組資源,如下所示:

```
t.add_resource(AutoScalingGroup(
    'ECSAutoScalingGroup',
    DesiredCapacity='1',
    MinSize='1',
    MaxSize='5',
    VPCZoneIdentifier=Ref("PublicSubnet"),
    LaunchConfigurationName=Ref('ContainerInstances'),
))
```

然後建立擴展時的原則設定，以及用來監控 CPU 與記憶體「剩餘量」的警示標準。為此
要利用 Python 語法「以 for 迴圈的形式」來產生堆疊：

```python
states = {
    "High": {
        "threshold": "75",
        "alarmPrefix": "ScaleUpPolicyFor",
        "operator": "GreaterThanThreshold",
        "adjustment": "1"
    },
    "Low": {
        "threshold": "30",
        "alarmPrefix": "ScaleDownPolicyFor",
        "operator": "LessThanThreshold",
        "adjustment": "-1"
    }
}

for reservation in {"CPU", "Memory"}:
    for state, value in states.iteritems():
        t.add_resource(Alarm(
            "{}ReservationToo{}".format(reservation, state),
            AlarmDescription="Alarm if {} reservation too {}".format(
                reservation,
                state),
            Namespace="AWS/ECS",
            MetricName="{}Reservation".format(reservation),
            Dimensions=[
                MetricDimension(
                    Name="ClusterName",
                    Value=Ref("ECSCluster")
                ),
            ],
            Statistic="Average",
            Period="60",
            EvaluationPeriods="1",
            Threshold=value['threshold'],
            ComparisonOperator=value['operator'],
            AlarmActions=[
                Ref("{}{}".format(value['alarmPrefix'], reservation))]
        ))
        t.add_resource(ScalingPolicy(
            "{}{}".format(value['alarmPrefix'], reservation),
            ScalingAdjustment=value['adjustment'],
            AutoScalingGroupName=Ref("ECSAutoScalingGroup"),
            AdjustmentType="ChangeInCapacity",
        ))
```

最後將一些資源的資訊，像是堆疊的 ID 識別編號、VPC 的 ID，以及關於公開子網路等等的資料顯示出來：

```
t.add_output(Output(
    "Cluster",
    Description="ECS Cluster Name",
    Value=Ref("ECSCluster"),
    Export=Export(Sub("${AWS::StackName}-id")),
))

t.add_output(Output(
    "VpcId",
    Description="VpcId",
    Value=Ref("VpcId"),
    Export=Export(Sub("${AWS::StackName}-vpc-id")),
))

t.add_output(Output(
    "PublicSubnet",
    Description="PublicSubnet",
    Value=Join(',', Ref("PublicSubnet")),
    Export=Export(Sub("${AWS::StackName}-public-subnets")),
))

print(t.to_json())
```

 在 CloudFormation 當中有許多像是 AWS::StackName 這類的「簡寫參數」可以運用。在本章中，我們會利用此功能來編寫模板檔，盡量讓模板「在面對不同環境與服務時」還能保持通用。前述的程式碼內容中，也透過此功能建立了 helloworld 容器的 ECR 版本庫。此參數的值則是會由「建立堆疊的指令」產生。必要時，也能將「同一份模板檔」用於產生「另一包容器」的版本庫。

這樣一來就完成指令檔了。檔案的內容應該跟這份類似：http://bit.ly/2vatFi9。

然後，如同以往，將指令檔簽入，然後產生用於建立堆疊的模板檔，如下所示：

```
$ git add ecs-cluster-cf-template.py
$ git commit -m "Adding Troposphere script to generate an ECS cluster"
$ git push
$ python ecs-cluster-cf-template.py > ecs-cluster-cf.template
```

建立堆疊時，需要設定三項參數：金鑰組、VPC 的 ID，以及對子網路的設定。在先前的章節中，我們都是透過網頁介面來建立堆疊。這一次要說明如何透過「指令列介面」查得這些資訊。

要查詢 VPC 的 ID 編號以及子網路的 ID 編號，可以使用如下指令：

```
$ aws ec2 describe-vpcs --query 'Vpcs[].VpcId'
[
    "vpc-4cddce2a"
]
$ aws ec2 describe-subnets --query 'Subnets[].SubnetId'
[
    "subnet-e67190bc",
    "subnet-658b6149",
    "subnet-d890d3e4",
    "subnet-6fdd7927",
    "subnet-4c99c229",
    "subnet-b03baebc"
]
```

現在就能根據上面的查詢結果來建立堆疊了。由於 ECS 集群可以運行各種不同容器，並擁有多個應用服務與系統服務，因此這邊安排每種環境都使用一組 ECS 集群。首先從建立測試環境開始。為了區分每種環境，因此在堆疊名稱上做出「區別」就很重要，如下將這個堆疊命名為 staging-cluster：

```
$ aws cloudformation create-stack \
    --stack-name staging-cluster \
    --capabilities CAPABILITY_IAM \
    --template-body file://ecs-cluster-cf.template \
    --parameters \
    ParameterKey=KeyPair,ParameterValue=EffectiveDevOpsAWS \
    ParameterKey=VpcId,ParameterValue=vpc-4cddce2a \
    ParameterKey=PublicSubnet,ParameterValue=subnet-e67190bc\\,subnet-
658b6149\\,subnet-d890d3e4\\,subnet-6fdd7927\\,subnet-4c99c229\\,subnet-
b03baebc
{
    "StackId": "arn:aws:cloudformation:us-east-1:094507990803:stack/
staging-cluster/581e30d0-b2d2-11e8-b48f-503acac41e99"
}
```

下一步是建立負載平衡器。這次使用 ALB（Application Load Balancer）實體來管理應用服務的流量。

# 建立 ALB

藉由 ECS 的協調器就可以妥善地對「自動擴展群組中的容器配置」進行管理。同時也可以紀錄每個容器所使用的網路埠。在與 ALB 整合後，便能利用「負載平衡器」將湧入的流量分配到「運行著對應服務的容器」上。ECS 可以支援 ELB（Elastic Load Balancer）也有支援 ALB（Application Load Balancer），但在「使用容器架構的情況下」採用 ALB 較具彈性。這邊會說明如何使用 Troposphere 透過 CloudFormation「完成 ALB 的建立」。

首先從開新檔案開始，檔案名稱為 `helloworld-ecs-alb-cf-template.py`。然後跟先前一樣載入引用宣告、建立模板物件變數，然後加上描述訊息：

```
"""Generating CloudFormation template."""

from troposphere import elasticloadbalancingv2 as elb

from troposphere import (
    Export,
    GetAtt,
    ImportValue,
    Join,
    Output,
    Ref,
    Select,
    Split,
    Sub,
    Template,
    ec2
)

t = Template()

t.add_description("Effective DevOps in AWS: ALB for the ECS Cluster")
```

接著建立安全性原則群組。對外使用 TCP/3000 網路埠：

```
t.add_resource(ec2.SecurityGroup(
    "LoadBalancerSecurityGroup",
    GroupDescription="Web load balancer security group.",
    VpcId=ImportValue(
        Join(
            "-",
```

```
            [Select(0, Split("-", Ref("AWS::StackName"))), "cluster-vpc-
id"]
        )
    ),
    SecurityGroupIngress=[
        ec2.SecurityGroupRule(
            IpProtocol="tcp",
            FromPort="3000",
            ToPort="3000",
            CidrIp="0.0.0.0/0",
        ),
    ],
))
```

利用先前從輸出中擷取得到的 VPC 與公開子網路識別編號值。這個堆疊的名稱取名為 staging-alb。在 ImportValue 這個參數中的程式碼說明如下：

1. 首先取得堆疊的名稱。這組堆疊的名稱是 staging-alb。

2. Split 這個函式的功能會將「堆疊的名稱」以符號（-）為分界拆開，於是得到 [staging, alb] 這樣的資料。

3. Select 這個函式會取得串列中的第一個元素，也就是 staging。

4. Join 這個函式會在 staging 元素後面加上 cluster-vpc-id 這個字串。最後整段函式就會變成 Import("staging-cluster-vpc-id") 這樣的內容，也就是先前當我們在建立 ECS 集群時宣告用來「輸出 VPC 識別編號」的鍵值名稱：

現在就要來完成 ALB 的建立了。但由於 ALB 具彈性、也有很多功能，代表在設定上需要多花一點心思。ALB 的設定需要三種資源的合作。第一個是 ALB 資源，負責接收進入的連線。而在上圖的另外一端則是目標群組（target groups），也就是 ECS 集群用來向 ALB 註冊時的資源。最後則是用來「將這兩者關聯起來」的監聽器資源（listener's resources）。首先定義負載平衡器本身的資源：

```
t.add_resource(elb.LoadBalancer(
    "LoadBalancer",
    Scheme="internet-facing",
    Subnets=Split(
        ',',
        ImportValue(
            Join("-", [Select(0, Split("-", Ref("AWS::StackName"))),
            "cluster-public-subnets"])
        )
    ),
    SecurityGroups=[Ref("LoadBalancerSecurityGroup")],
))
```

 這邊你會注意到「引入子網路參數的動作」跟先前「引入 VPC 識別編號時」所呼叫使用的「函式」基本上一樣。

然後建立目標群組,並設定運行狀態檢查的監控,如下所示:

```
t.add_resource(elb.TargetGroup(
    "TargetGroup",
    DependsOn='LoadBalancer',
    HealthCheckIntervalSeconds="20",
    HealthCheckProtocol="HTTP",
    HealthCheckTimeoutSeconds="15",
    HealthyThresholdCount="5",
    Matcher=elb.Matcher(HttpCode="200"),
    Port=3000,
    Protocol="HTTP",
    UnhealthyThresholdCount="3",
    VpcId=ImportValue(Join("-", [Select(0, Split("-",
    Ref("AWS::StackName"))), "cluster-vpc-id"])),
))
```

最後,加上監聽器,把目標群組跟負載平衡器連結起來:

```
t.add_resource(elb.Listener(
    "Listener",
    Port="3000",
    Protocol="HTTP",
    LoadBalancerArn=Ref("LoadBalancer"),
    DefaultActions=[elb.Action(
        Type="forward",
        TargetGroupArn=Ref("TargetGroup")
    )]
))
```

最後，我們想要輸出兩項資訊。第一項要輸出的資訊是關於目標群組，輸出的資訊「將提供給應用服務」向目標群組「註冊」之用。另外一項要輸出的資訊是 ALB 的 DNS 紀錄，這是用來作為連向應用服務的入口使用：

```
t.add_output(Output(
    "TargetGroup",
    Description="TargetGroup",
    Value=Ref("TargetGroup"),
    Export=Export(Sub("${AWS::StackName}-target-group")),
))

t.add_output(Output(
    "URL",
    Description="Helloworld URL",
    Value=Join("", ["http://", GetAtt("LoadBalancer", "DNSName"),
":3000"])
))

print(t.to_json())
```

這份檔案也完成了，最後的結果應該會跟這份類似：http://bit.ly/2vbhd1r。接著就能產生模板，然後建立堆疊，如下所示：

```
$ git add helloworld-ecs-alb-cf-template.py
$ git commit -m "Adding a Load balancer template for our helloworld
application on ECS"
$ git push
$ python helloworld-ecs-alb-cf-template.py > helloworld-ecs-alb-cf.
template
$ aws cloudformation create-stack \
    --stack-name staging-alb \
    --capabilities CAPABILITY_IAM \
    --template-body file://helloworld-ecs-alb-cf.template
{
    "StackId": "arn:aws:cloudformation:us-east-1:094507990803:stack/
staging-alb/4929fee0-b2d4-11e8-825f-50fa5f2588d2"
}
```

跟前面幾個一樣，這裡也把這份堆疊區分開來，命名為 staging-alb。這個名稱的「第一段字串」會被使用在「引用 VPC 與子網路的識別編號」。接下來，最後一組要建立的堆疊就是「容器服務」了。

# 建立 ECS 版本的 hello world 服務

現在我們在架構的兩端，一邊有「ECS 集群」以及「用來接收流量的負載平衡器」，另外一邊則是「承載著應用服務映像檔」的 ECR 檔案版本庫。現在要將這兩者結合起來，這部份要靠 ECS 服務資源來達成。首先開新檔案，檔名為 helloworld-ecs-service-cf-template.py，然後照以往加上模組的引用、建立模板物件變數，以及描述訊息：

```python
"""Generating CloudFormation template."""

from troposphere.ecs import (
    TaskDefinition,
    ContainerDefinition
)
from troposphere import ecs
from awacs.aws import (
    Allow,
    Statement,
    Principal,
    Policy
)
from troposphere.iam import Role

from troposphere import (
    Parameter,
    Ref,
    Template,
    Join,
    ImportValue,
    Select,
    Split,
)

from awacs.sts import AssumeRole

t = Template()

t.add_description("Effective DevOps in AWS: ECS service - Helloworld")
```

這份模板檔會使用到一個參數：選擇使用「哪個標籤的映像檔」進行部署。雖然目前的檔案版本庫中只有一個 latest 標籤的映像檔，但之後還會修改部署流水線，然後將「部署服務到 ECS 上的流程」自動化：

```
t.add_parameter(Parameter(
    "Tag",
    Type="String",
    Default="latest",
    Description="Tag to deploy"
))
```

在 ECS 架構中，應用服務是以「任務」為單位進行宣告，因此我們也要在「任務」當中設定如「使用哪個檔案版本庫來下載映像檔」、「應用服務所需的 CPU 與記憶體資源要多少」，以及如「網路埠對應、環境參數、掛載點等等」的系統設定細節。這邊盡量讓任務設定保持簡單。在設定映像檔上，會使用 ImportValue 函式（先前才剛將「版本庫名稱」導出）並配合 Join 函式的功能來組合出「連向版本庫的網址」。此外我們還需要「四分之一的 CPU 核心資源」以及「32MB 的記憶體資源」來運行應用服務。最後，指定網路埠 3000 來對應這個系統：

```
t.add_resource(TaskDefinition(
    "task",
    ContainerDefinitions=[
        ContainerDefinition(
            Image=Join("", [
                Ref("AWS::AccountId"),
                ".dkr.ecr.",
                Ref("AWS::Region"),
                ".amazonaws.com",
                "/",
                ImportValue("helloworld-repo"),
                ":",
                Ref("Tag")]),
            Memory=32,
            Cpu=256,
            Name="helloworld",
            PortMappings=[ecs.PortMapping(ContainerPort=3000)]
        )
    ],
))
```

跟其他大多數的 AWS 全受管服務一樣，需要授權一些特定權限給 IAM 角色才能使用 ECS 服務。所以要建立一個角色，然後套用 ECS 服務角色的安全性原則：

```
t.add_resource(Role(
    "ServiceRole",
    AssumeRolePolicyDocument=Policy(
        Statement=[
            Statement(
                Effect=Allow,
                Action=[AssumeRole],
                Principal=Principal("Service", ["ecs.amazonaws.com"])
            )
        ]
    ),
    Path="/",
    ManagedPolicyArns=['arn:aws:iam::aws:policy/servicerole/
AmazonEC2ContainerServiceRole']
))
```

這份模板檔的最後一步，就是將任務定義、ECS 集群以及 ALB 結合起來，建立 ECS 服務的物件資源：

```
t.add_resource(ecs.Service(
    "service",
    Cluster=ImportValue(
        Join(
            "-",
            [Select(0, Split("-", Ref("AWS::StackName"))), "cluster-id"]
        )
    ),
    DesiredCount=1,
    TaskDefinition=Ref("task"),
    LoadBalancers=[ecs.LoadBalancer(
        ContainerName="helloworld",
        ContainerPort=3000,
        TargetGroupArn=ImportValue(
            Join(
                "-",
                [Select(0, Split("-", Ref("AWS::StackName"))), "alb-
                target-group"]
            ),
        ),
    )],
    Role=Ref("ServiceRole")
))
```

最後的最後，跟往常一樣，將程式產生的模板內容輸出：

```
print(t.to_json())
```

這樣一來指令檔就完成了，內容應該會跟這份類似：http://bit.ly/2uB5wQn。

然後照著下面的操作產生模板並建立堆疊：

```
$ git add helloworld-ecs-service-cf-template.py
$ git commit -m "Adding helloworld ECS service script"
$ git push
$ python helloworld-ecs-service-cf-template.py > helloworld-ecs-servicecf.
template
$ aws cloudformation create-stack \
    --stack-name staging-helloworld-service \
    --capabilities CAPABILITY_IAM \
    --template-body file://helloworld-ecs-service-cf.template \
    --parameters \ ParameterKey=Tag,ParameterValue=latest
```

等個幾分鐘後，堆疊就建好了。接著回去查看 ALB 堆疊的輸出訊息，找出新部署好的應用服務網址鏈結，就能夠測試結果了，如下所示：

```
$ aws cloudformation describe-stacks \
    --stack-name staging-alb \
    --query 'Stacks[0].Outputs'
[
    {
        "Description": "TargetGroup",
        "ExportName": "staging-alb-target-group",
        "OutputKey": "TargetGroup",
        "OutputValue": "arn:aws:elasticloadbalancing:us-east-
1:094507990803:targetgroup/stagi-Targe-ZBW30U7GT7DX/329afe507c4abd4d"
    },
    {
        "Description": "Helloworld URL",
        "OutputKey": "URL",
        "OutputValue": "http://stagi-LoadB-122Z9ZDMCD68X-1452710042.
useast-1.elb.amazonaws.com:3000"
    }
]

$ curl
http://stagi-LoadB-122Z9ZDMCD68X-1452710042.us-east-1.elb.amazonaws.com:3000

Hello World
```

這樣就完成 ECS 架構的測試環境建立了。如此一來我們便能輕易將新開發好的程式部署到測試環境上，如下所示：

1. 首先，在本地端上對 helloworld 的程式內容做出一點修改。

2. 然後登入 ecr 登錄檔版本庫：

```
$ eval "$(aws ecr get-login --region us-east-1 --no-include-email)"
```

3. 組建 Docker 容器：

```
$ docker build -t helloworld
```

4. 指定一個新的標籤，用來「識別」這份映像檔。舉例來說，下面這段指令先「假設」我們把新的標籤定為 foobar：

```
$ docker tag helloworld 094507990803.dkr.ecr.useast-1.amazonaws.com/
helloworld:foobar
```

5. 然後將「映像檔」推送進去 ecr 版本庫中：

```
$ docker push 094507990803.dkr.ecr.useast-1.amazonaws.com/
helloworld:foobar
```

6. 更新 CloudFormation 上的 ECS 服務堆疊：

```
$ aws cloudformation update-stack \
    --stack-name staging-helloworld-service \
    --capabilities CAPABILITY_IAM \
    --template-body file://helloworld-ecs-service-cf.template \
    --parameters \
    ParameterKey=Tag,ParameterValue=foobar
```

順著這個流程，接下來要將部署的過程「自動化」，建立新版的「持續整合／持續部署流水線」。

# 建立用於 ECS 部署的持續整合 / 持續部署流水線

就如我們已經知道的，要是能夠有一項工具可以協助「把程式持續部署到各個環境上面」的話，將會非常有幫助。因為這能打破傳統上「開發單位與維運單位之間」的隔閡，也能夠加速新開發程式「上線的時程」。據此原則，我們已經建立了一條流水線，能夠自動將「變更後的 Hello World 應用服務」部署到「測試（staging）以及正式環境（production）的自動擴展群組」中。這次也將建立一條類似的流水線，只是部署的目標改為 ECS 基礎設施。而 ECS 基礎設施的架構如圖所示：

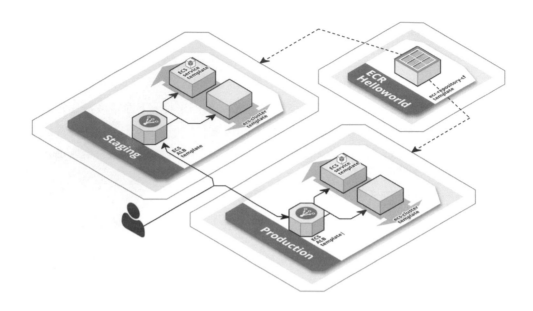

這邊要利用先前編寫好的 CloudFormation 模板檔,建立跟測試環境一模一樣的正式環境。請注意,同一項應用服務下,應該使用同一處 ecr 登錄檔版本庫,因此對所有環境來說,都會指向「同一個版本庫」才對。除此之外,我們在這裡也同樣會遵循「第 3 章,基礎設施程式化」的最佳實務原則,透過 CloudFormation 堆疊建立流水線。接下來的第一步是建立正式環境的 ECS 集群。

## 建立正式環境的 ECS 集群

多虧先前已經編寫好的 CloudFormation 模板檔,現在要增加新的環境就很容易。接著,啟動正式環境的 ECS 集群:

```
$ aws cloudformation create-stack \
    --stack-name production-cluster \
    --capabilities CAPABILITY_IAM \
    --template-body file://ecs-cluster-cf.template \
    --parameters \
    ParameterKey=KeyPair,ParameterValue=EffectiveDevOpsAWS \
    ParameterKey=VpcId,ParameterValue=vpc-4cddce2a \
    ParameterKey=PublicSubnet,ParameterValue=subnete67190bc\\,
    subnet-658b6149\\,subnet-d890d3e4\\,subnet-6fdd7927\\,subnet-
```

```
4c99c229\\,subnet-b03baebc
{
    "StackId": "arn:aws:cloudformation:us-east-1:094507990803:stack/
production-cluster/1e1a87f0-b2da-11e8-8fd2-503aca4a58d1"
}
```

這邊要稍微等一下，因為我們要等堆疊建立完成後，從集群建立過程中「輸出的資訊中」擷取需要的資料。在終端畫面執行以下指令，等待完成的通知，再開始建立下一個堆疊：

```
$ aws cloudformation wait stack-create-complete \
    --stack-name production-cluster
```

同樣地，建立 ALB 負載平衡器，然後等待建立完成：

```
$ aws cloudformation create-stack \
    --stack-name production-alb \
    --capabilities CAPABILITY_IAM \
    --template-body file://helloworld-ecs-alb-cf.template
{
    "StackId": "arn:aws:cloudformation:us-east-1:094507990803:stack/
production-alb/bea35530-b2da-11e8-a55e-500c28903236"
}

$ aws cloudformation wait stack-create-complete --stack-name production-
alb
```

最後，用底下的指令建立服務：

```
$ aws cloudformation create-stack \
    --stack-name production-helloworld-service \
    --capabilities CAPABILITY_IAM \
    --template-body file://helloworld-ecs-service-cf.template \
    --parameters \ ParameterKey=Tag,ParameterValue=latest
{
    "StackId": "arn:aws:cloudformation:us-east-1:094507990803:stack/
production-helloworld-service/370a3d40-b2db-11e8-80a8-503f23fb5536"
}

$ aws cloudformation wait stack-create-complete \
    --stack-name production-helloworld-service
```

這樣一來，正式環境應該可以運作了。你可以從 ALB 堆疊建立過程「所輸出的資訊中」找到網址鏈結，然後用 curl 指令工具連到這台機器，確認應用服務是否已經啟動：

```
$ aws cloudformation describe-stacks \
    --stack-name production-alb \
```

```
    --query 'Stacks[0].Outputs'
[
    {
        "Description": "TargetGroup",
        "ExportName": "production-alb-target-group",
        "OutputKey": "TargetGroup",
        "OutputValue": "arn:aws:elasticloadbalancing:us-east-
1:094507990803:targetgroup/produ-Targe-LVSNKY9T8S6E/83540dcf2b5a5b54"
    },
    {
        "Description": "Helloworld URL",
        "OutputKey": "URL",
        "OutputValue": "http://produ-LoadB-40X7DRUNEBE3-676991098.
useast-1.elb.amazonaws.com:3000"
    }
]

$ curl
http://produ-LoadB-40X7DRUNEBE3-676991098.us-east-1.elb.amazonaws.com:3000

Hello World
```

這樣就完成正式環境的準備了。現在就要來說明如何將容器的建立「自動化」。為此則
需要用到 CodeBuild 服務項目。

# 用 CodeBuild 將容器的建立自動化

AWS 雲端服務平台的 CodeBuild 是專為「編譯原始碼程式」的「全受管服務項目」。
雖然 Jenkins 也能做到一樣的事情，但作為 AWS 標準的全受管服務項目，就代表它有獨
到的功能與優勢。在本書的範例中，我們使用 CodeBuild 來取代 Jenkins，在無須「自
行啟動」與「管理額外的 EC2 實體」的情況下，建立「容器服務」。而由於這項服務可
以跟 CodePipeline 完美整合在一起，也因此符合我們的流程需求。

接著要透過 Troposphere 的輔助，以 CloudFormation 建立 CodeBuild 專案。

首先開新檔案，檔案名稱為 helloworld-codebuild-cf-template.py。如同以往，加
入模組引用、模板物件變數的宣告，以及描述訊息，如下所示：

```
"""Generating CloudFormation template."""

from awacs.aws import (
    Allow,
    Policy,
    Principal,
```

```
    Statement
)

from awacs.sts import AssumeRole

from troposphere import (
    Join,
    Ref,
    Template
)

from troposphere.codebuild import (
    Artifacts,
    Environment,
    Project,
    Source
)
from troposphere.iam import Role

t = Template()

t.add_description("Effective DevOps in AWS: CodeBuild - Helloworld
container")
```

然後針對 CodeBuild 專案定義「擁有對應權限的角色」。在這個 CodeBuild 專案中會跟「數個 AWS 服務項目」進行互動，像是 ECR、CodePipeline、S3 以及存取 CloudWatch 的紀錄內容。為了加速這個建置過程的進行，這邊要直接套用 AWS 預設好的「安全性原則」來設定權限。因此程式內容如下：

```
t.add_resource(Role(
    "ServiceRole",
    AssumeRolePolicyDocument=Policy(
        Statement=[
            Statement(
                Effect=Allow,
                Action=[AssumeRole],
                Principal=Principal("Service", ["codebuild.amazonaws.com"])
            )
        ]
    ),
    Path="/",
    ManagedPolicyArns=[
        'arn:aws:iam::aws:policy/AWSCodePipelineReadOnlyAccess',
        'arn:aws:iam::aws:policy/AWSCodeBuildDeveloperAccess',
        'arn:aws:iam::aws:policy/AmazonEC2ContainerRegistryPowerUser',
        'arn:aws:iam::aws:policy/AmazonS3FullAccess',
```

```
            'arn:aws:iam::aws:policy/CloudWatchLogsFullAccess'
    ]
))
```

接著還要往 CodeBuild 專案中加入一些元件。第一個要加入的是「對環境的定義」，這個定義能夠告訴 CodeBuild 要使用什麼「硬體」與「作業系統環境」以及需要「安裝什麼軟體」來組建專案，而且還可以定義一些「額外的環境參數」。但在這部份我們會直接使用 AWS 雲端服務平台提供的「Docker 映像檔」。在這份 AWS 提供的映像檔中，已經安裝好我們需要的 Docker 指令列介面。此外還要定義環境參數，指定「連向我們 ecr 登錄檔版本庫」的位址：

```
environment = Environment(
    ComputeType='BUILD_GENERAL1_SMALL',
    Image='aws/codebuild/docker:1.12.1',
    Type='LINUX_CONTAINER',
    EnvironmentVariables=[
        {'Name': 'REPOSITORY_NAME', 'Value': 'helloworld'},
        {'Name': 'REPOSITORY_URI',
            'Value': Join("", [
                Ref("AWS::AccountId"),
                ".dkr.ecr.",
                Ref("AWS::Region"),
                ".amazonaws.com",
                "/",
                "helloworld"])},
    ],
)
```

對 CodeBuild 的操作大部分都要「定義」在稱為 buildspec 的「資源物件」中。這個 buildspec 區塊會定義組建過程的「各種階段」，以及在這些階段中要進行什麼作業。這跟我們在「第 4 章，持續整合與持續部署」當中編寫的 Jenkinsfile 很像。不過 buildspec 區塊定義你可以「直接」加到 CodeBuild 專案檔中，也可以在組建時「以 YAML 格式檔的形式」，加到組建專案的根目錄下。這邊採用前者的作法，將 buildspec 定義寫進 CloudFormation 模板檔中，然後建立一個變數，把 YAML 格式的字串存放進去。由於這個字串不可避免地會是「多行內容字串」，所以這邊要利用到 Python 中「連續三個雙引號」的語法。

定義內容的第一行要指定的是模板語法的版本。現階段 CodeBuild 模板語法的版本是 0.1 版：

```
buildspec = """version: 0.1
```

組建的目標是要產生新的容器映像檔，然後把映像檔推送進去「ecr 登錄檔版本庫」中。整個過程分為三個階段：

- **組建前準備（Pre-build）**：產生要使用在容器映像檔的「標籤」，然後登入 ECR 服務。

- **組建作業（Build）**：組建新的容器映像檔。

- **組建後處理（Post-build）**：將新的容器映像檔推送進 ECR，然後更新 latest 標籤指向「新的這份容器映像檔」。

為了方便辨識各個容器的內容，這邊要以 helloworld 專案在 Git 上「最新一次簽入動作」的「SHA 雜湊值」，作為容器映像檔的「標籤」。一方面這能夠幫助我們找出每份容器映像檔中的內容是什麼版本的，另一方面也能夠讓我們直接以「容器標籤」執行如 git checkout < 容器標籤 > 或是 git log < 容器標籤 > 這樣的指令。但由於現在引進了 CodeBuild 與 CodePipeline 架構，因此需要一點技巧，在 CodeBuild 當中擷取這個用於標籤的「數值」，具體來說，是執行底下這兩則稍微有點複雜的指令：

- 第一則要執行的指令是用於擷取目前 CodePipeline 執行作業的「識別編號」。這個功能可以透過 AWS 雲端服務平台的指令列介面，以及 CODEBUILD_BUILD_ID 與 CODEBUILD_INITIATOR 這兩個內建在 CodeBuild 服務中的環境參數。

- 接著是利用前述的執行作業「識別編號」，擷取「人為修訂版本」的識別編號，也就是我們要找的「簽入動作 SHA 雜湊值」。

這些指令會用到一些比較「進階」的如 --query 篩選參數等功能。你可以參考這則連結來了解更多細節：http://amzn.to/2k7SoLE。

 由於在 CodeBuild 當中每則指令都是各自分開執行的，因此要在指令之間傳遞資料的最簡單方法，就要利用暫存檔案。

在定義好 buildspec 要使用的語法版本後，加上以下內容來產生「在組建前準備階段」要執行的動作，並擷取要使用的標籤字串值：

```
phases:
  pre_build:
    commands:
      - aws codepipeline get-pipeline-state --name
"${CODEBUILD_INITIATOR##*/}" --query stageStates[?actionStates[0].
latestExecution.externalExecutionId==\`$CODEBUILD_BUILD_ID\`].
latestExecution.pipelineExecutionId --output=text > /tmp/execution_id.txt
```

```
    - aws codepipeline get-pipeline-execution --pipeline-name
"${CODEBUILD_INITIATOR##*/}" --pipeline-execution-id $(cat /tmp/execution_
id.txt) --query 'pipelineExecution.artifactRevisions[0].revisionId'
--output=text > /tmp/tag.txt
```

於是標籤要使用的字串值會被存放在 /tmp/tag.txt 檔案中，然後利用這個值來建立以下兩個檔案：

- 第一個要建立的檔案是用來存放 docker tag 指令「要使用的參數內容」（參數值的格式如 <AWS::AccountId>.dkr.ecr.useast-1.amazonaws.com/helloworld: <標籤名稱>）。這邊會利用之前在模板檔中定義過的環境參數。

- 第二個要建立的檔案是「將標籤值以鍵值組形式呈現」的 JSON 格式檔。稍後當我們要將新版本容器部署到 ECS 上面時，會用到這份檔案。

在前述的指令之後，加上以下指令來產生這兩份檔案：

```
    - printf "%s:%s" "$REPOSITORY_URI" "$(cat /tmp/tag.txt)" > /tmp/
build_tag.txt
    - printf '{"tag":"%s"}' "$(cat /tmp/tag.txt)" > /tmp/build.json
```

然後在 pre_build 區塊的最後，登入 ecr 登錄檔版本庫：

```
    - $(aws ecr get-login --no-include-email)
```

再來就是進入組建作業階段。多虧前面已經產生好的 build_tag 檔案，因此組建作業階段相對比較單純。我們只需要如同本章一開始的操作那樣，呼叫 docker build 指令即可：

```
build:
  commands:
    - docker build -t "$(cat /tmp/build_tag.txt)" .
```

接著加上 post_build（組建後處理）階段來完成整段組建過程。在這個區塊中，我們要將新組建好的「容器映像檔」推送到 ecr 版本庫中：

```
post_build:
  commands:
    - docker push "$(cat /tmp/build_tag.txt)"
    - aws ecr batch-get-image --repository-name $REPOSITORY_NAME
--imageids imageTag="$(cat /tmp/tag.txt)" --query 'images[].imageManifest'
--output text | tee /tmp/latest_manifest.json
    - aws ecr put-image --repository-name $REPOSITORY_NAME --image-tag
latest --image-manifest "$(cat /tmp/latest_manifest.json)"
```

除了上面這些階段外，在 buildspec 中還要再定義一個 artifacts 區塊。這個區塊是用來定義「在組建成功之後」，要將哪些東西「上傳到 S3 儲存桶服務中」以及設定「如何上傳」。我們要把 build.json 這份檔案上傳，然後將 discard-paths 這個變數設為true，以防產生 /tmp/ 這個多餘的目錄路徑。最後同樣以「連續三個雙引號」結束整段定義：

```
artifacts:
  files: /tmp/build.json
  discard-paths: yes
"""
```

在完成 buildspec 變數內容的編寫之後，便能將其加入 CodeBuild 專案的「資源物件」當中。在這份專案物件的設定中，我們設定了「專案的名稱」、「將先前定義的環境變數」設定進去、設定存取服務「要使用的角色」，然後設定了「組建來源的資源」以及「組建輸出時的資源物件」，也就是定義了「如何進行組建的流程」，以及定義了「如何輸出組建結果的方式」：

```
t.add_resource(Project(
    "CodeBuild",
    Name='HelloWorldContainer',
    Environment=environment,
    ServiceRole=Ref("ServiceRole"),
    Source=Source(
        Type="CODEPIPELINE",
        BuildSpec=buildspec
    ),
    Artifacts=Artifacts(
        Type="CODEPIPELINE",
        Name="output"
    ),
))
```

最後如同往常，將整份指令檔的產製結果以 print 指令輸出：

```
print(t.to_json())
```

指令檔的內容最後應該會跟這份類似：http://bit.ly/2w3nDfk。

接著存檔後，加到 git 版本庫中，產製 CloudFormation 的模板，然後建立堆疊：

```
$ git add helloworld-codebuild-cf-template.py
$ git commit -m "Adding CodeBuild Template for our helloworld application"
$ git push
$ python helloworld-codebuild-cf-template.py > helloworld-codebuildcf.
template
$ aws cloudformation create-stack \
    --stack-name helloworld-codebuild \
    --capabilities CAPABILITY_IAM \
    --template-body file://helloworld-codebuild-cf.template
```

數分鐘後，堆疊就會建立完成。這樣就可以開始利用這個架構帶來的優勢了。為此要再次回到 CodePipeline，然後打造我們全新容器架構的流水線。

# 以 CodePipeline 建立部署流水線

這次要使用 AWS CodePipeline 建立的流水線，跟我們在「第 4 章，持續整合與持續部署」中打造過的類似：

整個流程會從程式碼有所更動時開始，自動從 GitHub 下載程式，然後啟動這條新版的流水線。之後，透過先前所建立的 CodeBuild 專案，組建新版本的容器，並推送到 ecr 版本庫。接著便能將「新版容器」部署到測試環境上。這部份會利用在 CodeBuild 專案中「透過 buildspec 區塊產生的 build.json 檔案」，透過 CodePipeline 提供的 CloudFormation 整合功能部署。你應該還記得我們在 helloworld 應用服務的模板當中，有使用部署時要指定的標籤作為參數。這個參數的指定會透過更新堆疊的方式進行，修改 build.json 檔案中宣告的預設值。之後，再次啟動部署到正式環境之前，還要增加一個「人工審核」的確認步驟。

由於在使用 CodePipeline 架構來部署與更新 CloudFormation 模板時，需要在輸入資訊中「指定模板檔所在的位置」，因此第一件要著手處理的事情，就是將 CloudFormation 的模板檔也加入應用服務本身的「原始碼管控機制」中。

# 將 CloudFormation 模板納入原始碼

對 ECS 的變更是透過「在 `helloworld-ecs-service-cf.template` 這份模板檔中」的任務宣告。但目前為止，在 GitHub 上的 `helloworld` 專案內都只有存放 Python 的指令檔，因此需要另外特別將這份模板檔的「JSON 產製結果」放進去，這樣 CodePipeline 才能進行堆疊的更新。請進行以下操作，將這份檔案放到 Git 版本庫中的一個新目錄下：

```
$ cd helloworld
$ mkdir templates
$ curl -L http://bit.ly/2uB5wQn | python > templates/helloworldecs-
service-cf.template
$ git add templates
$ git commit -m "Adding CloudFormation template for the helloworld task"
$ git push
```

在把這份模板納入原始碼的一部分後，接著就要開始建立流水線本身的 CloudFormation 模板了。

# 建立 CodePipeline 的 CloudFormation 模板

首先在本地端的 EffectiveDevOpsTemplates 資料夾下，新增一個名為 `helloworld-codepipeline-cf-template.py` 檔案。

然後套用跟以往相同的開頭：

```
"""Generating CloudFormation template."""

from awacs.aws import (
    Allow,
    Policy,
    Principal,
    Statement,
)
from awacs.sts import AssumeRole
from troposphere import (
    Ref,
    GetAtt,
    Template,
)
from troposphere.codepipeline import (
    Actions,
    ActionTypeId,
```

```
    ArtifactStore,
    InputArtifacts,
    OutputArtifacts,
    Pipeline,
    Stages
)
from troposphere.iam import Role
from troposphere.iam import Policy as IAMPolicy
from troposphere.s3 import Bucket, VersioningConfiguration

t = Template()

t.add_description("Effective DevOps in AWS: Helloworld Pipeline")
```

第一個要建立的物件資源是「在流水線當中」要用來「存放每個階段產製結果」的 S3 儲存桶，並啟用儲存桶的版本管控功能：

```
t.add_resource(Bucket(
    "S3Bucket",
    VersioningConfiguration=VersioningConfiguration(
        Status="Enabled",
    )
))
```

然後建立 IAM 角色：

1. 第一個要宣告的是「用於 CodePipeline 服務項目的角色」：

```
    t.add_resource(Role(
        "PipelineRole",
        AssumeRolePolicyDocument=Policy(
            Statement=[
                Statement(
                    Effect=Allow,
                    Action=[AssumeRole],
                    Principal=Principal("Service", ["codepipeline.
amazonaws.com"])
                )
            ]
        ),
        Path="/",
        Policies=[
            IAMPolicy(
                PolicyName="HelloworldCodePipeline",
                PolicyDocument={
                    "Statement": [
                        {"Effect": "Allow", "Action": "cloudformation:*",
"Resource": "*"},
```

```
                      {"Effect": "Allow", "Action": "codebuild:*",
"Resource": "*"},
                      {"Effect": "Allow", "Action": "codepipeline:*",
"Resource": "*"},
                      {"Effect": "Allow", "Action": "ecr:*", "Resource":
"*"},
                      {"Effect": "Allow", "Action": "ecs:*", "Resource":
"*"},
                      {"Effect": "Allow", "Action": "iam:*", "Resource":
"*"},
                      {"Effect": "Allow", "Action": "s3:*", "Resource":
"*"},
                  ],
              }
          ),
      ]
))
```

2. 第二個則是在部署階段時「用於操作 CloudFormation 更新的角色」：

```
t.add_resource(Role(
    "CloudFormationHelloworldRole",
    RoleName="CloudFormationHelloworldRole",
    Path="/",
    AssumeRolePolicyDocument=Policy(
        Statement=[
            Statement(
                Effect=Allow,
                Action=[AssumeRole],
                Principal=Principal( "Service", ["cloudformation.
amazonaws.com"])
            ),
        ]
    ),
    Policies=[
        IAMPolicy(
            PolicyName="HelloworldCloudFormation",
            PolicyDocument={
                "Statement": [
                    {"Effect": "Allow", "Action": "cloudformation:*",
"Resource": "*"},
                    {"Effect": "Allow", "Action": "ecr:*", "Resource":
"*"},
                    {"Effect": "Allow", "Action": "ecs:*", "Resource":
"*"},
                    {"Effect": "Allow", "Action": "iam:*", "Resource":
"*"},
                ],
            }
```

```
        ),
    ]
))
```

3. 接著便能建立流水線本身的物件資源了。首先將剛剛建立好的角色 **ARN 名稱**
   （**Amazon 資源名稱，Amazon Resource Name**）設定進去：

```
t.add_resource(Pipeline(
    "HelloWorldPipeline",
    RoleArn=GetAtt("PipelineRole", "Arn"),
```

4. 把前面建立好的「S3 儲存桶」設定進去，這樣在流水線的執行過程中才有地方「存
   放各種產製出來的物件」：

```
ArtifactStore=ArtifactStore(
    Type="S3",
    Location=Ref("S3Bucket")
),
```

5. 然後定義流水線中的各個階段。這邊其實就是將「先前透過網頁介面操作的步驟」
   用 CloudFormation 的形式「再現」而已。每個階段都要指定一個「唯一的名稱」以
   及「要進行的動作」。而每個動作都是由「動作名稱、類別、動作的設定，還可能
   再加上所需的輸入與輸出檔案」宣告：

   第一個階段是從 GitHub 下載的階段，如下所示：

```
Stages=[
    Stages(
        Name="Source",
        Actions=[
            Actions(
                Name="Source",
                ActionTypeId=ActionTypeId(
                    Category="Source",
                    Owner="ThirdParty",
                    Version="1",
                    Provider="GitHub"
                ),
                Configuration={
                    "Owner": "ToBeConfiguredLater",
                    "Repo": "ToBeConfiguredLater",
                    "Branch": "ToBeConfiguredLater",
                    "OAuthToken": "ToBeConfiguredLater"
                },
                OutputArtifacts=[
                    OutputArtifacts(
                        Name="App"
                    )
```

```
                    ],
                )
            ]
        ),
```

6. 經過上面的階段後，會產生第一個產製物件：App，也就是從版本庫下載的內容。為了避免將 OAuthToken 認證寫死在模板檔中，這邊要在 CloudFormation 堆疊建立好之後，再去設定與 GitHub 之間的整合。

接下來要設定組建階段。如同先前所提及的，這邊只要呼叫前面建立的 CodeBuild 堆疊即可，然後將產製的物件，也就是 CodeBuild 所產生的 tag.json 檔案「命名為 BuildOutput」。因此總共會定義 App 與 BuildOutput 這兩份物件，一個是輸入、一個是輸出：

```
Stages(
    Name="Build",
    Actions=[
        Actions(
            Name="Container",
            ActionTypeId=ActionTypeId(
                Category="Build",
                Owner="AWS",
                Version="1",
                Provider="CodeBuild"
            ),
            Configuration={
                "ProjectName": "HelloWorldContainer",
            },
            InputArtifacts=[
                InputArtifacts(
                    Name="App"
                )
            ],
            OutputArtifacts=[
                OutputArtifacts(
                    Name="BuildOutput"
                )
            ],
        )
    ]
),
```

7. 現在要來編寫測試環境部署階段了。這次跟之前使用 CodeDeploy 的方式不同，改成直接用 CloudFormation 模板進行更新。為此，我們首先要在動作的設定之中「指定模板的所在位置」。而既然模板已經被加入 helloworld 專案的 GitHub 版本庫了，這份模板便能透過 App 物件獲取。先前我們把模板存放在 **＜專案根**

目 錄 >/templates/helloworld-ecs-service-cf.template 這 個 位 置，而 從 CodePipeline 的角度來看，則是在 App::templates/helloworld-ecs-service-cf.template 這個位置。

而在設定 CloudFormation 上的另外一個技巧，就是利用「可以對堆疊指定參數」的這項功能。CloudFormation 提供了幾種函式來協助設定與修改參數，進一步的細節可以參考 http://amzn.to/2kTgIUJ。而這邊我們會用到其中之一的 Fn::GetParam，這個函式會擷取物件中「鍵值組的值」，要使用這項功能查詢 CodeBuild 產生出來的 JSON 字串，字串格式會如 { "tag": "< 最新一次 Git 簽入紀錄的 SHA 雜湊值 >" }：

```
        Stages(
            Name="Staging",
            Actions=[
                Actions(
                    Name="Deploy",
                    ActionTypeId=ActionTypeId(
                        Category="Deploy",
                        Owner="AWS",
                        Version="1",
                        Provider="CloudFormation"
                    ),
                    Configuration={
                        "ChangeSetName": "Deploy",
                        "ActionMode": "CREATE_UPDATE",
                        "StackName": "staging-helloworld-ecsservice",
                        "Capabilities": "CAPABILITY_NAMED_IAM",
                        "TemplatePath": "App::templates/helloworld-
ecs-service-cf.template",
                        "RoleArn": GetAtt("CloudFormationHelloworldRo
le", "Arn"),
                        "ParameterOverrides": """{"Tag" : {
"Fn::GetParam" : [ "BuildOutput", "build.json", "tag" ] } }"""
                    },
                    InputArtifacts=[
                        InputArtifacts(
                            Name="App",
                        ),
                        InputArtifacts(
                            Name="BuildOutput"
                        )
                    ],
                )
            ]
        ),
```

8. 在完成測試環境的部署後，要先發出「人工審核」的請求，如下所示：

```
Stages(
    Name="Approval",
    Actions=[
        Actions(
            Name="Approval",
            ActionTypeId=ActionTypeId(
                Category="Approval",
                Owner="AWS",
                Version="1",
                Provider="Manual"
            ),
            Configuration={},
            InputArtifacts=[],
        )
    ]
),
```

9. 最後要建立的階段就是正式環境部署了。動作的設定跟測試環境的部署相去不遠，除了「階段的名稱」與「目標堆疊」有所不同之外：

```
Stages(
    Name="Production",
    Actions=[
        Actions(
            Name="Deploy",
            ActionTypeId=ActionTypeId(
                Category="Deploy",
                Owner="AWS",
                Version="1",
                Provider="CloudFormation"
            ),
            Configuration={
                "ChangeSetName": "Deploy",
                "ActionMode": "CREATE_UPDATE",
                "StackName": "production-helloworldecs-
service",
                "Capabilities": "CAPABILITY_NAMED_IAM",
                "TemplatePath": "App::templates/helloworld-
ecs-service-cf.template",
                "RoleArn": GetAtt("CloudFormationHelloworldRo
le", "Arn"),
                "ParameterOverrides": """{"Tag" : {
"Fn::GetParam" : [ "BuildOutput", "build.json", "tag" ] } }"""
            },
```

```
                                    InputArtifacts=[
                                        InputArtifacts(
                                            Name="App",
                                        ),
                                        InputArtifacts(
                                            Name="BuildOutput"
                                        )
                                    ],
                                )
                            ]
                        )
                    ],
    ))
```

10. 這樣就完成流水線資源的建立了，最後把「指令檔的執行結果」輸出成我們要的模板：

```
print(t.to_json())
```

指令檔已經完成準備，內容應該跟這份類似：http://bit.ly/2w3oVHw。

可以來啟動流水線了。

## 啟動 CloudFormation 堆疊並進行設定

啟動流水線的第一步如同以往：

```
$ git add helloworld-codepipeline-cf-template.py
$ git commit -m "Adding Pipeline to deploy our helloworld application
using ECS"
$ git push
$ python helloworld-codepipeline-cf-template.py > helloworld-
codepipelinecf.template
$ aws cloudformation create-stack \
    --stack-name helloworld-codepipeline \
    --capabilities CAPABILITY_NAMED_IAM \
    --template-body file://helloworld-codepipeline-cf.template
```

 這邊改用 CAPABILITY_NAMED_IAM 權限組，因為我們要使用自訂的 IAM 角色名稱。

這會建立流水線。不過還有一個要設定的地方，就是流水線當中會使用到的 GitHub 認證。這是因為我們不想將認證以「明碼的形式」存放在 GitHub 上面。雖然雲端服務平台也有在 IAM 服務項目中提供加解密的功能，但這不是本書的範疇。因此，首次建立流水線時，需要做以下更動：

1. 從瀏覽器開啟 `https://console.aws.amazon.com/codepipeline` 頁面。

2. 選擇新建立好的流水線。

3. 點擊頁面上方的 **Edit**（**編輯**）。

4. 點擊 **GitHub** 動作項目上的筆型圖示：

5. 點擊右側選單中的 **Connect to GitHub**（**連線到 GitHub**），然後依照指示授權給 AWS CodePipeline。

6. 在選擇版本庫的步驟選擇 `helloworld` 專案以及 `master` 分支。

7. 點擊 **Update**（**更新**）將流水線的變更保存，最後點擊 **Save and Continue**（**保存並繼續**）。

數秒之後流水線就會啟動了，然後應該就能看到部署開始進行。我們對持續整合／持續部署流水線的建立到此大功告成。

# 小結

在本章內容中，我們透過 Docker 與 ECS 的使用介紹了「容器技術」的概念。在說明了 Docker 的基礎與原理後，將應用服務包裝為「容器」。先是在本地端上運作，然後建立了一組新的物件資源，將 Docker 容器放到了 AWS 雲端服務平台上運行。當然，在建立資源的過程中一樣遵循 DevOps 文化的「最佳實務原則」，以基礎設施程式化的方式，透過 CloudFormation 來建立。這能讓我們將「任何變更」都納入原始碼管控之下。而為了管控這些資源本身的不同版本，我們另外建立了「ECR 登錄檔版本庫」。此外還建立了兩組擁有自動擴展功能的 ECS 集群「用於測試以及正式環境」，然後用兩個「ALB 負載平衡器」來將流量導向我們的容器，並用一組任務「搭配 ECS 服務」來設定與部署應用服務。

最後我們透過 CodeBuild、CodePipeline 以及 CloudFormation 的整合，重新打造了持續整合／持續部署流水線。

# 課後複習

1. Docker 是什麼？請列出構成 Docker Engine 中的關鍵要素。

2. 你可以在「任何選擇使用的平台或作業系統」上，安裝並設定好最新版本的 Docker CE 環境嗎？

3. 你可以建立一組 Docker 映像檔，然後用這組映像檔來建立「網頁伺服器的容器」嗎？

4. 你能夠透過 AWS 雲端服務平台的網頁主控台介面，建立 ECR 與 ECS，並熟悉對 ECS 的操作嗎？

# 延伸閱讀

更多資訊請參考下列文章：

- **Docker 說明文件**：https://docs.docker.com
- **Docker Hub 參考資料**：https://hub.docker.com
- **AWS CodeBuild 參考資料**：https://aws.amazon.com/codebuild/
- **AWS CodePipeline 參考資料**：https://aws.amazon.com/codepipeline/
- **AWS Elastic Container Service 參考資料**：https://aws.amazon.com/ecs/